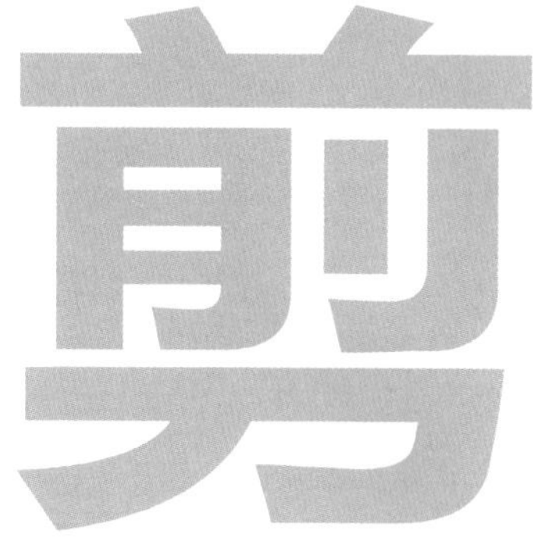

剪映

短视频制作全流程

剪辑、调色、字幕、音效

司桂松　邓兴兴◎著

·北京·

内 容 简 介

本书通过8个专题内容、54个实战案例，详细讲解了剪辑、调色、转场、字幕、蒙版、关键帧、抠图、特效、音频和卡点等应用，帮助读者从剪辑小白快速成为短视频剪辑高手。此外，随书赠送教学视频、PPT和电子教案。

本书前8章都具备相应的案例、小结和习题，读者可以通过学习案例掌握操作技巧，通过小结总结学习内容，通过习题巩固和扩展所学知识，深入掌握剪映的各种功能和操作技巧，从而制作出让人眼前一亮的爆款短视频。

而本书第9章是一个大的综合实战案例，复习和巩固了前8章的内容，同时展示了短视频制作的基础流程，帮助读者更深刻地掌握剪映App的使用技巧，制作出精彩和独具特色的短视频。

本书适合从未接触过剪映的新人，或者想学习使用剪映制作短视频的爱好者。同时，本书也适合想要在小红书、抖音、快手等各大平台成为短视频创作者的运营者，或者想要进入自媒体行业的人。

图书在版编目（CIP）数据

剪映短视频制作全流程 ：剪辑、调色、字幕、音效 / 司桂松，邓兴兴著. -- 北京 ：化学工业出版社，2024. 10. -- ISBN 978-7-122-46091-2

Ⅰ. TP317.53

中国国家版本馆CIP数据核字第20245HA083号

责任编辑：王婷婷　李　辰　　封面设计：异一设计
责任校对：李　爽　　装帧设计：盟诺文化

出版发行：化学工业出版社（北京市东城区青年湖南街13号　邮政编码100011）
印　　装：天津裕同印刷有限公司
710mm × 1000mm　1/16　印张$12^1/_2$　字数251千字　2024年10月北京第1版第1次印刷

购书咨询：010-64518888　　售后服务：010-64518899
网　　址：http://www.cip.com.cn
凡购买本书，如有缺损质量问题，本社销售中心负责调换。

定　　价：78.00元

前 言

随着互联网的快速发展，我们走进了个人自媒体时代，自媒体和IP的潜力巨大，从它的产生、发展到火爆，仅仅只用了几年的时间。在小红书、抖音及快手等各大平台涌现了许多短视频创作者，他们通过发布精美亮眼、独具特色的短视频获得了巨大流量，甚至实现流量变现。而剪映App作为一款简单易上手、功能强大的视频剪辑软件，可以帮助用户制作出精致、让人眼前一亮的短视频。

本书通过8个专题和54个案例，展示了短视频制作全流程，帮助读者实现从入门剪映App到精通剪映App。

本书一共有9章，从认识剪映App到学习剪映App的各种操作，全方面地讲解了剪映App的各种功能和操作秘诀。本书具体内容如下：

（1）第1章　入门剪辑技巧。本章通过7个案例，帮助读者认识剪映App界面，掌握剪辑的基础操作和特色操作，初步入门剪辑技巧。

（2）第2章　速成调色大师。本章一共7个案例，介绍了如何制作经典的调色视频和如何提升画面颜色质感，帮助读者成为调色大师。

（3）第3章　设置花样转场。本章通过4个案例，展示了多种转场效果，介绍了制作特效转场和动态转场视频的操作方法，帮助读者掌握转场秘诀。

（4）第4章　高能玩转字幕。本章一共11个案例，讲解了添加文字效果、添加花字和贴纸，以及制作精彩文字特效的操作方法，帮助读者高能玩转字幕。

（5）第5章　灵活使用蒙版、关键帧。本章通过7个案例，介绍了灵活使用"蒙版""关键帧"功能和"抠图"功能的操作技巧，帮助读者灵活使用这些特色功能制作出精彩的短视频。

（6）第6章　巧妙添加特效。本章一共5个案例，向读者展示了添加特效和制作特效的操作方法，帮助读者在视频中巧妙添加特效。

（7）第7章　专业修炼音频。本章通过8个案例，讲解了在视频中添加音频素材、加入常见音效和制作音频效果的操作技巧，帮助读者成为音频大师。

（8）第8章　挑战卡点视频。本章一共4个案例，包括制作基础卡点和制作花样卡点视频两大部分，帮助读者在视频中使用卡点音频，制作具有特色的卡点视频。

（9）第9章　综合实战：《万家灯火》。本章只有1个综合案例，通过这个案例让读者对前面的内容进行巩固和实战运用，帮助读者熟练掌握剪映App的各种功能和操作技巧，成为视频剪辑高手。

特别提醒：本书在编写时，是基于当前软件截的实际操作图片，但书从编辑到出版需要一段时间，在这段时间里，软件界面与功能会有调整与变化，比如删除了某些功能，或者增加了一些新功能等，这些都是软件开发商做的软件更新。若图书出版后相关软件有更新，请以更新后的实际情况为准，根据书中的提示，举一反三进行操作即可。

本书由重庆文理学院司桂松、邓兴兴两位老师编写，其中司桂松负责第1章至第5章的编写工作，邓兴兴负责第6章至第9章的编写工作。参与资料整理的人员还有杨菲、向小红等人，在此表示感谢。由于作者知识水平有限，书中难免有疏漏之处，恳请广大读者批评和指正。

著者

目录

第5章 灵活使用蒙版、关键帧

第6章 巧妙添加特效

第7章 专业修炼音频

第8章 挑战卡点视频

第9章 综合实战：《万家灯火》

第1章 入门剪辑技巧

作为一名新手小白，如何快速上手剪映这款 App 呢？学完本章内容之后，你就会得到答案。本章作为剪辑入门篇，涉及的操作都是剪辑的入门技巧和基础知识，可以让大家快速掌握剪辑入门技巧。

1.1 掌握剪映的基础操作

剪映App是抖音推出的一款视频剪辑软件，随着潮流的更迭，剪映App在不断地更新与完善，功能也越来越强大，支持复制、替换、更改比例、更改背景、美颜美体及定格等专业的剪辑功能，还有丰富的曲库、特效、转场及视频素材等资源。本章将从认识剪映界面开始介绍剪映App的相关功能与用法。

1.1.1 认识界面

扫码看教学视频

在手机屏幕上点击“剪映”图标，如图1-1所示。执行操作后，即可打开剪映App，进入“剪辑”界面，点击“开始创作”按钮，如图1-2所示。

图 1-1　点击“剪映”图标

图 1-2　点击“开始创作”按钮

进入“照片视频”界面，❶在“视频”选项卡中选择相应的视频素材；❷选中“高清”复选框；❸点击“添加”按钮，如图1-3所示，即可成功导入相应的视频素材。进入编辑界面，可以看到其界面组成，如图1-4所示。

预览区域左下角的时间，表示当前时长和视频的总时长。点击预览区域的全屏按钮▣，如图1-5所示，即可全屏预览视频效果，如图1-6所示。点击▶按钮，即可播放视频。点击▣按钮，即可回到编辑界面中。

图 1-3　点击“添加”按钮

图 1-4　编辑界面的组成

图 1-5　点击全屏按钮

图 1-6　全屏预览视频

1.1.2　复制和替换素材

扫码看教学视频　扫码看案例效果

【效果展示】：在剪映App中可以复制素材，也可以替换素材，用户可以根据需要进行素材的复制与替换，如图1-7所示。

图 1-7　效果展示

下面介绍在剪映App中复制和替换素材的具体操作方法。

步骤 01 在剪映App中导入一段视频素材，❶选择视频素材；❷点击“复制”按钮，如图1-8所示，即可复制素材。

步骤 02 选择第1段素材，向左拖曳第1段素材右侧的白色拉杆，将其时长调整为1.2s，如图1-9所示。

图 1-8　点击“复制”按钮

图 1-9　调整时长为 1.2s

步骤 03 调整时长后，点击“替换”按钮，如图1-10所示。

步骤 04 进入“照片视频”界面，在“视频”选项卡中选择相应的视频素材，如图1-11所示。

图 1-10　点击“替换”按钮

图 1-11　选择相应的视频素材

步骤 05 预览画面效果之后，点击“确认”按钮，如图1-12所示。

步骤 06 最后点击“导出”按钮，如图1-13所示，导出视频。

图 1-12　点击“确认”按钮

图 1-13　点击“导出”按钮

1.1.3 更改比例、背景

扫码看教学视频

扫码看案例效果

【效果展示】：在剪映App中可以把横版视频变成竖版视频，还可以为视频设置画面背景，如图1-14所示。

图 1-14　效果展示

下面介绍在剪映App中更改画面比例和背景的具体操作方法。

步骤 01 在剪映App中导入一段视频素材，点击“比例”按钮，如图1-15所示。

步骤 02 在“比例”面板中选择9：16选项，如图1-16所示，更改画面比例。

图 1-15　点击“比例”按钮

图 1-16　选择 9：16 选项

步骤 03 回到上一级工具栏，点击“背景”按钮，在弹出的工具栏中点击“画布模糊”按钮，如图1-17所示。

步骤 04 在“画布模糊”面板中选择第1个样式，如图1-18所示，设置画面背景。

图 1-17　点击“画布模糊”按钮

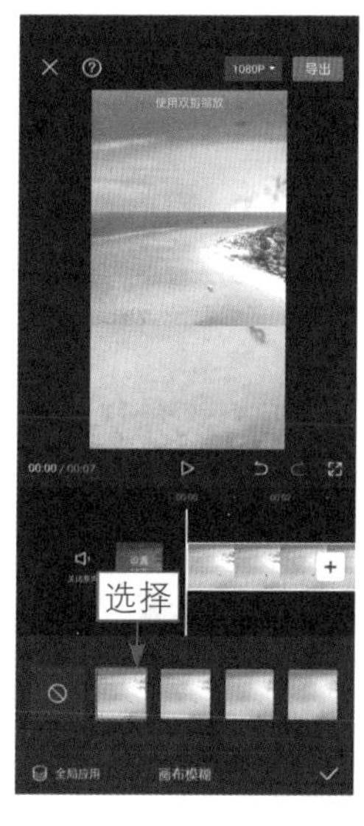

图 1-18　选择第 1 个样式

1.1.4　美颜美体

扫码看教学视频

扫码看案例效果

【效果展示】：在剪映App中通过“美颜美体”功能，可以让人像视频中人物的身材更加完美，塑造理想的人物形象，如图1-19所示。

图 1-19　效果展示

下面介绍在剪映App中进行美颜美体的具体操作方法。

步骤 01 在剪映App中导入素材，❶选择素材；❷拖曳时间线至视频第2s的位置；❸点击“分割”按钮，如图1-20所示，分割素材。

步骤 02 点击“美颜美体”按钮，如图1-21所示。

图 1-20　点击“分割”按钮

图 1-21　点击“美颜美体”按钮

步骤 03 在弹出的工具栏中点击“美颜”按钮，如图1-22所示。

步骤 04 ❶选择“磨皮”选项；❷设置参数值为 20，如图 1-23 所示，进行磨皮。

图 1-22　点击“美颜”按钮

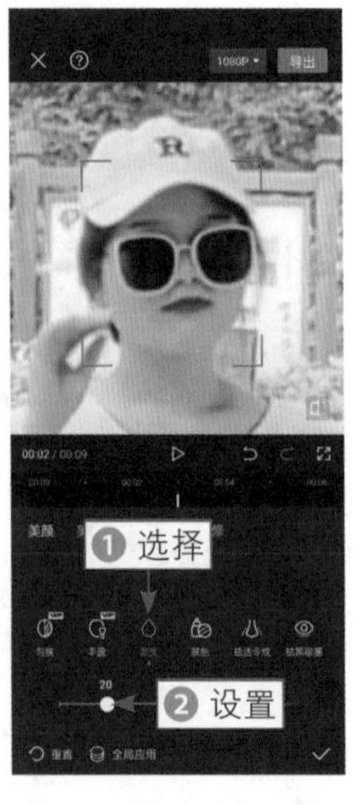

图 1-23　设置参数值为 20

步骤 05 设置“美白”参数为30，如图1-24所示，让皮肤变白一些。

步骤 06 回到上一级工具栏，点击“美体”按钮，如图1-25所示。

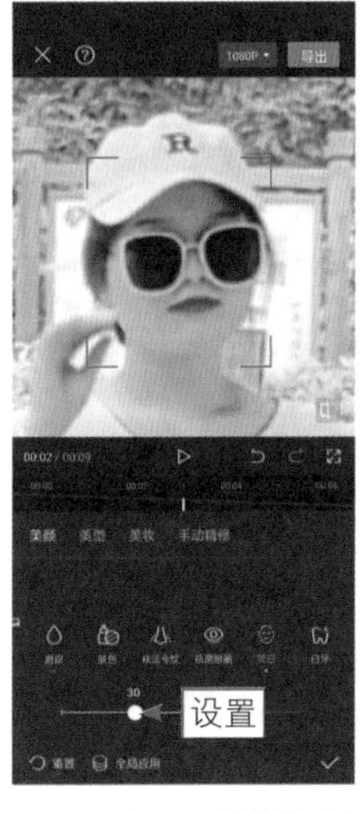

图 1-24　设置“美白”参数

图 1-25　点击“美体”按钮

步骤 07 在“智能美体”选项卡中设置“瘦身”参数为90，如图1-26所示，让身材变苗条。

步骤 08 设置“长腿”参数为10，如图1-27所示，拉长人物的腿部。

图 1-26　设置“瘦身”参数

图 1-27　设置“长腿”参数

步骤 09 设置“瘦腰”参数为20，如图1-28所示，缩小腰围。

步骤 10 设置“小头”参数为20，如图1-29所示，优化头身比。

图 1-28 设置“瘦腰”参数

图 1-29 设置“小头”参数

步骤 11 返回主界面，在视频起始位置点击“特效”按钮，如图1-30所示。

步骤 12 点击“画面特效”按钮，进入特效素材库，❶切换至“基础”选项卡；❷选择“变清晰”特效，如图1-31所示。

步骤 13 调整特效的时长，如图 1-32 所示，使其与第 1 段素材的时长一致。

图 1-30 点击“特效”按钮

图 1-31 选择“变清晰”特效

图 1-32 调整特效的时长

1.1.5　倒放功能

扫码看教学视频

扫码看案例效果

【效果展示】：使用“倒放”功能可以倒转视频的播放顺序，比如让前进的车流转变为退后的车流，实现倒转的效果，如图1-33所示。

图 1-33　效果展示

下面介绍在剪映App中进行视频倒放的具体操作方法。

步骤 01 在剪映App中导入一段视频素材，选择视频素材后，点击“音频分离”按钮，如图1-34所示，把音乐提取出来。

步骤 02 选择视频素材，点击“倒放”按钮，如图1-35所示，即可完成视频倒放。

图 1-34　点击“音频分离”按钮

图 1-35　点击“倒放”按钮

1.1.6 定格功能

扫码看教学视频

扫码看案例效果

【效果展示】：通过“定格”功能定格视频画面，后期再添加“拍照声”音效和边框特效，就能制作出拍照定格的画面效果，如图1-36所示。

图 1-36 效果展示

下面介绍在剪映App中定格视频画面的具体操作方法。

步骤 01 在剪映App中导入素材，❶选择素材；❷点击“音频分离”按钮，如图1-37所示，把音乐提取出来。

步骤 02 选择视频素材，在视频第5s左右的位置点击“定格”按钮，如图1-38所示，则可以得到定格画面。

图 1-37 点击“音频分离”按钮

图 1-38 点击“定格”按钮

步骤 03 ❶选择最后一段素材；❷点击“删除”按钮，如图1-39所示，删除视频并调整音乐时长，使其与视频时长一致。

步骤 04 返回主界面，在视频第5s左右的位置点击“特效”按钮，如图1-40所示，点击“画面特效”按钮，进入特效素材库。

图 1-39　点击“删除”按钮

图 1-40　点击“特效”按钮

步骤 05 在“边框”选项卡中，选择“手绘拍摄器”特效，如图1-41所示。

步骤 06 返回主界面，点击“音频”按钮，如图1-42所示。

图 1-41　选择“手绘拍摄器”特效

图 1-42　点击“音频”按钮

步骤07 在音频工具栏中点击“音效”按钮，如图1-43所示。

步骤08 ❶搜索“拍照声”音效；❷点击所选音效右侧的“使用”按钮，如图1-44所示，即可添加所选音效，最后点击“导出”按钮导出视频。

图 1-43　点击“音效”按钮

图 1-44　点击“使用”按钮

1.2　掌握剪映的特色操作

在掌握了剪映App的基础操作后，用户可以运用剪映App中的特色功能对视频进行进一步处理，制作出与众不同的视频效果。本节主要介绍使用“抖音玩法”功能和“一键成片”功能制作特色视频的操作方法。

1.2.1　百变玩法

扫码看教学视频

扫码看案例效果

【效果展示】：利用剪映App中的“抖音玩法”功能能够让视频画面更加有趣，还能把现实中的人物变成漫画人物，变换人物形象，如图1-45所示。

图 1-45　效果展示

下面介绍在剪映App中进行百变玩法变身的具体操作方法。

步骤 01 在剪映App中导入一张图片素材，❶选择素材；❷点击“复制”按钮，如图1-46所示，复制素材。

步骤 02 在工具栏中点击“抖音玩法”按钮，如图1-47所示。

图 1-46　点击“复制”按钮

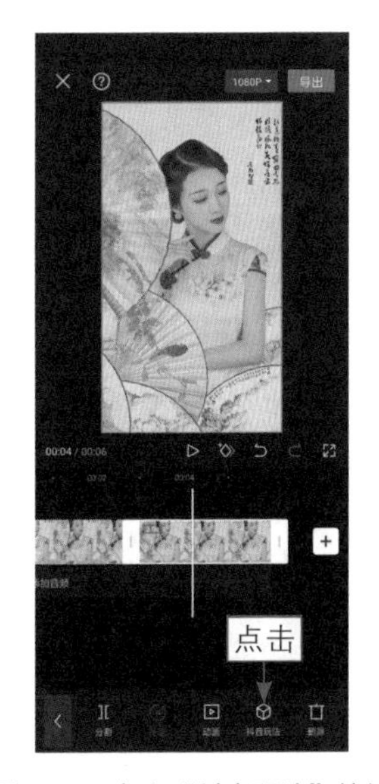

图 1-47　点击“抖音玩法”按钮

步骤 03 在弹出的“抖音玩法”面板中，❶切换至“人像风格”选项卡；❷选择“复古”选项，如图1-48所示，即可完成变身。

步骤 04 返回主界面，❶拖曳时间线至视频起始位置；❷依次点击“特效”

按钮和“画面特效”按钮，如图1-49所示。

图 1-48　选择“复古”选项

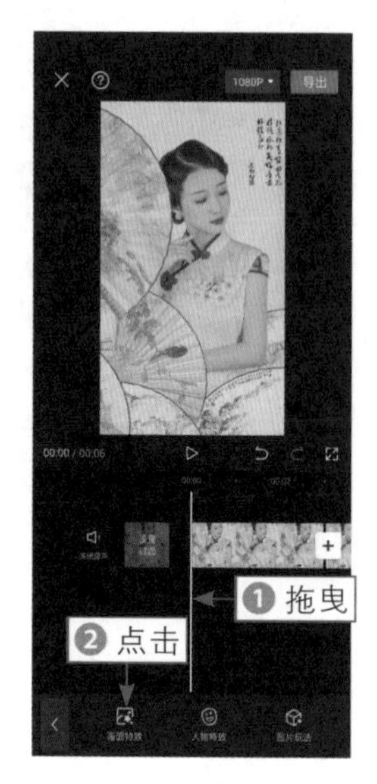

图 1-49　点击“画面特效”按钮

步骤 05 进入特效素材库，在“基础”选项卡中选择“变清晰”特效，调整特效的时长，使其与第1段视频的时长保持一致，如图1-50所示。

步骤 06 用与上面相同的方法，为第2段素材添加“氛围”选项卡中的“梦蝶”特效，如图1-51所示，最后添加合适的背景音乐即可。

图 1-50　调整特效时长

图 1-51　添加“梦蝶”特效

1.2.2　一键成片

【效果展示】：在剪映App首页中有“一键成片”功能，运用这个功能可以快速制作出一个成品视频，而且模板风格多样，选择多多，如图1-52所示。

图 1-52　效果展示

下面介绍在剪映App中运用“一键成片”功能制作视频的具体操作方法。

步骤 01 在剪映App首页点击“一键成片”按钮，如图1-53所示。

步骤 02 在“照片视频”界面的“照片”选项卡中，❶选择4张照片；❷点击“下一步”按钮，如图1-54所示。

图 1-53　点击“一键成片”按钮

图 1-54　点击“下一步”按钮

步骤03 进入相应的界面，❶选择模板；❷点击“导出”按钮，如图1-55所示。

步骤04 在弹出的“导出设置”面板中，点击“无水印保存并分享”按钮，如图1-56所示，导出无水印视频。

图 1-55　点击“导出”按钮

图 1-56　点击“无水印保存并分享”按钮

本章小结

本章主要介绍剪映App的基础操作和特色操作。首先介绍了剪映App的基本操作界面，帮助读者认识、了解剪映App的界面；然后介绍了在剪映App中复制和替换素材、更改画面比例和背景，以及美颜美体操作等；最后介绍了剪映App的两个特色操作。通过对本章内容的了解和学习，读者可以快速掌握剪映App的界面和功能，帮助大家全面了解剪映App的基础知识，掌握剪映入门的基本操作技巧。

课后习题

扫码看教学视频

扫码看案例效果

鉴于本章知识的重要性，为了帮助读者更好地掌握所学知识，本节将通过课后习题，帮助读者进行简单的知识回顾和补充。

本章习题需要大家学会在剪映App中通过“防抖”功能设置视频防抖的操作技巧，效果如图1-57所示。

图 1-57　效果展示

第 2 章 速成调色大师

由于在拍摄和采集素材的过程中，经常会遇到一些很难控制的环境光照，使拍摄出来的素材色感欠缺、层次不明。因此，本章将详细介绍短视频的调色技巧，帮助大家提升短视频的调色技术，使制作的短视频画面更加精彩夺目。

2.1　掌握经典调色

在剪映App中，用户可以对拍摄效果不够好的视频进行调色处理，以获得满意的视频效果；还可以通过调色将视频调成另一种色调效果。本节介绍在剪映App中进行植物调色、夜景调色、街景调色、建筑调色及美食调色的操作方法。

2.1.1　植物调色

扫码看教学视频

扫码看案例效果

【效果展示】：当拍出来的植物风光视频光线效果不好时，可以用这个植物调色法，让视频画质更加清晰，色彩也更加明艳唯美。原图与效果图对比如图2-1所示。

图 2-1　原图与效果图对比

下面介绍在剪映App中对植物进行调色的操作方法。

步骤 01 在剪映App中导入一段视频素材，点击“滤镜”按钮，如图2-2所示。

步骤 02 进入“滤镜”选项卡，❶在“风景”选项区中选择“风铃”滤镜；❷点击✓按钮，如图2-3所示，即可完成添加滤镜操作。

图 2-2　点击“滤镜”按钮

图 2-3　点击相应的按钮（1）

步骤 03 点击◀按钮返回上一级工具栏，如图2-4所示。

步骤 04 点击“新增调节”按钮，如图2-5所示。

图 2-4　点击相应的按钮（2）

图 2-5　点击“新增调节”按钮

步骤 05 进入“调节”选项卡，❶选择“亮度”选项；❷拖曳滑块，将其参数值设置为5，如图2-6所示，提高画面的亮度。

步骤 06 ❶选择“对比度”选项；❷拖曳滑块，将其参数值设置为10，如图2-7所示，提高画面的明暗对比度。

图 2-6　设置“亮度”参数

图 2-7　设置“对比度”参数

步骤 07 ❶选择“饱和度”选项；❷拖曳滑块，将其参数值设置为5，如图2-8所示，增加画面色彩饱和度。

步骤 08 ❶选择“光感”选项；❷拖曳滑块，将其参数值设置为5，如图2-9所示，提高画面明亮度。

图 2-8　设置“饱和度”参数

图 2-9　设置“光感”参数

步骤 09 ❶选择“锐化”选项；❷拖曳滑块，将其参数值设置为10，如

图2-10所示，提高画面的清晰度。

步骤10 ❶选择“色温”选项；❷拖曳滑块，将其参数值设置为-10，如图2-11所示，让画面偏冷。

图 2-10　设置“锐化”参数

图 2-11　设置“色温”参数

步骤11 ❶选择“色调”选项；❷拖曳滑块，将参数值设置为5，使画面色彩更加明艳；❸点击✓按钮，如图2-12所示，即可完成调色。

步骤12 最后点击“导出”按钮，如图2-13所示，即可导出视频。

图 2-12　点击相应的按钮（3）

图 2-13　点击“导出”按钮

2.1.2　夜景调色

扫码看教学视频

扫码看案例效果

【效果展示】：因为灯光和环境暗度等因素，橙蓝反差的效果适用于夜景色调，这种色调能让视频的质感与色彩的档次瞬间提升。原图与效果图对比如图2-14所示。

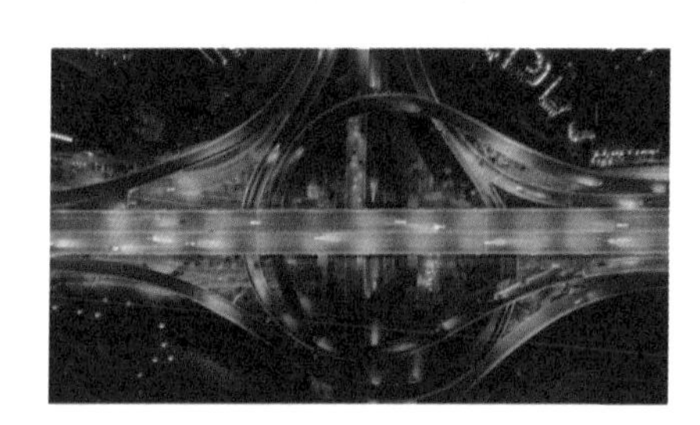
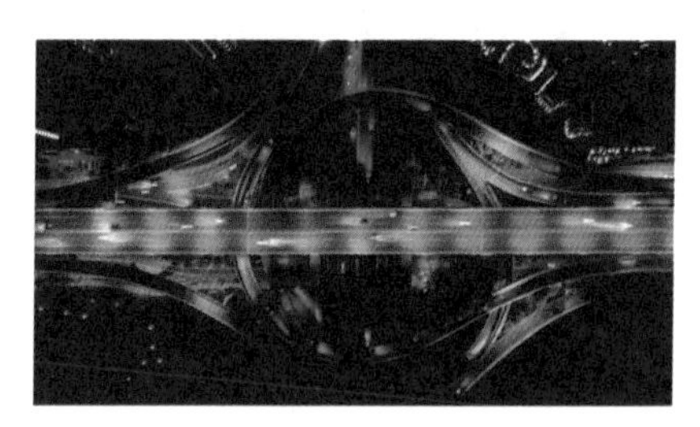

图 2-14　原图与效果图对比

下面介绍在剪映App中进行夜景调色的操作方法。

步骤 01 在剪映App中导入一段视频素材，点击“滤镜”按钮，如图2-15所示。

步骤 02 进入“滤镜”选项卡，❶在“夜景”选项区中选择“橙蓝”滤镜；❷设置参数值为70，如图2-16所示，减轻滤镜的作用效果。

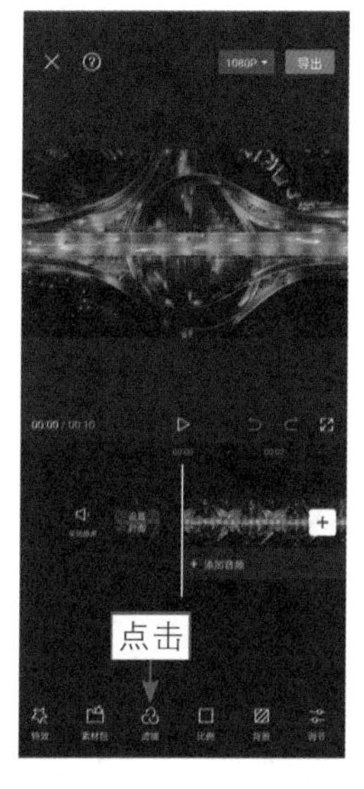

图 2-15　点击“滤镜”按钮

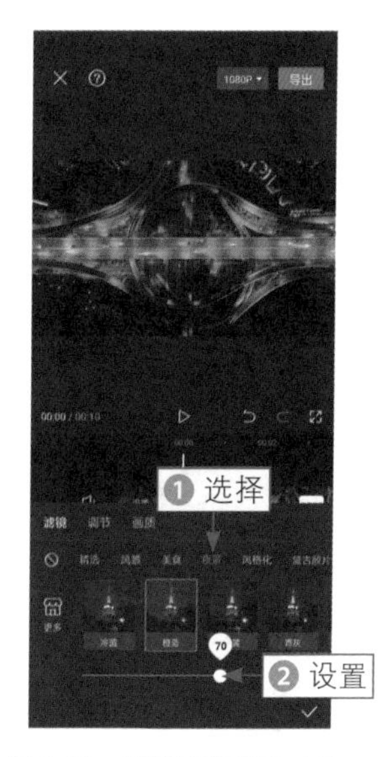

图 2-16　设置滤镜强度（1）

步骤 03 点击◀按钮返回上一级工具栏，点击“新增滤镜”按钮，如图2-17所示，再次进入“滤镜”选项卡。

步骤 04 ❶在“复古胶片”选项区中选择“普林斯顿”滤镜；❷设置强度为70，如图2-18所示，减轻滤镜的作用效果。

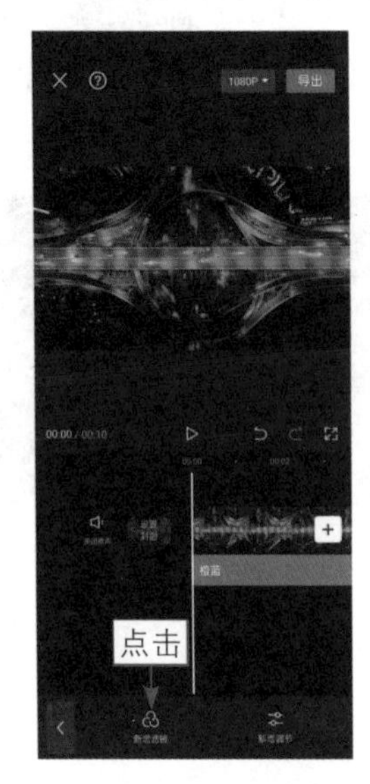

图 2-17　点击“新增滤镜”按钮

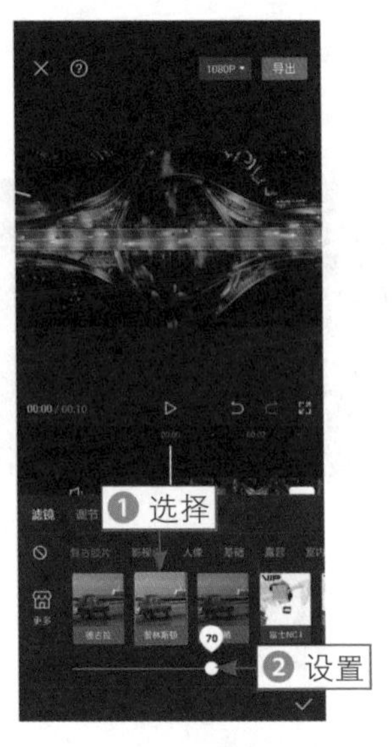

图 2-18　设置滤镜强度（2）

步骤 05 点击◀按钮返回上一级工具栏，点击“新增调节”按钮，如图2-19所示。

步骤 06 进入“调节”选项卡，❶选择“对比度”选项；❷拖曳滑块，将其参数值设置为30，如图2-20所示，提高画面的明暗对比度。

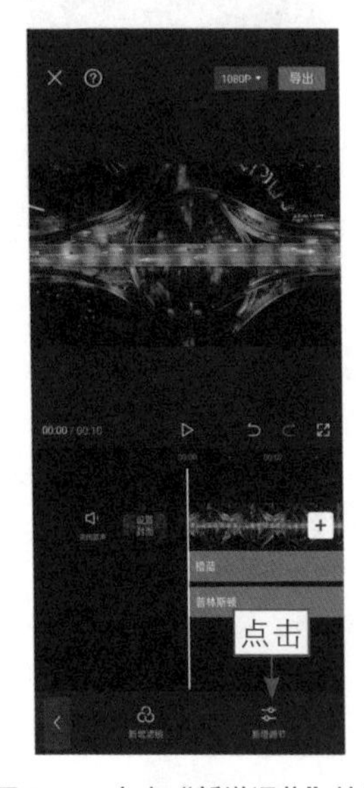

图 2-19　点击“新增调节”按钮

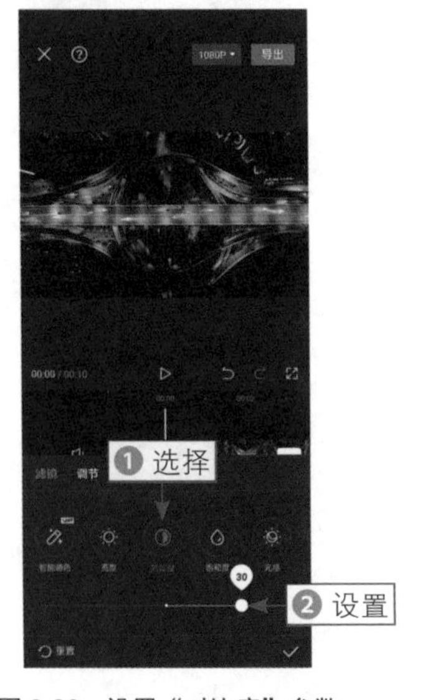

图 2-20　设置“对比度”参数

步骤 07 ❶选择“色温”选项；❷拖曳滑块，将其参数值设置为20，如图2-21所示，使画面偏蓝。

步骤 08 ❶选择“色调”选项；❷拖曳滑块，将其参数值设置为10，如图2-22所示，深化画面中的洋红色效果。

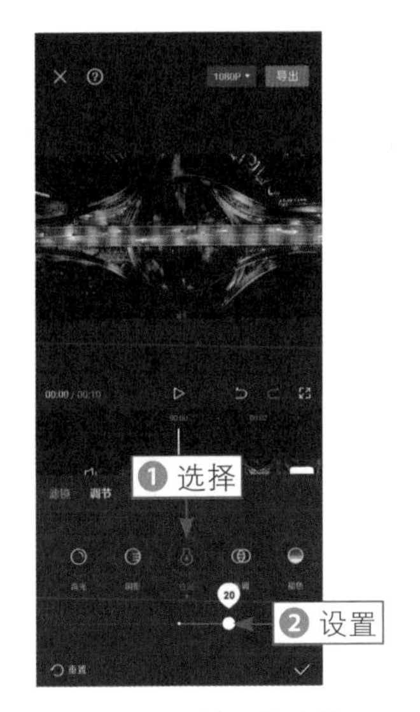

图 2-21　设置“色温”参数

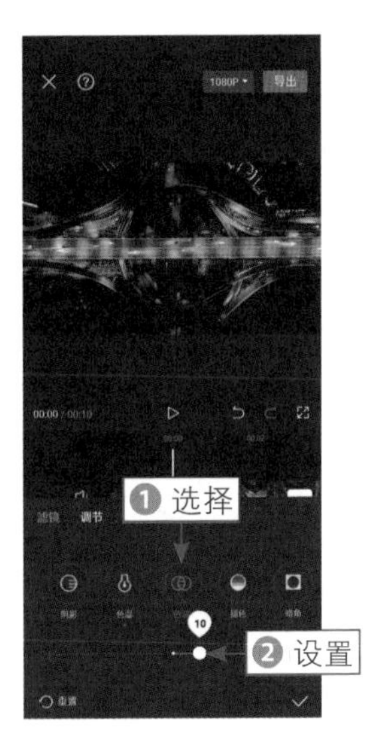

图 2-22　设置“色调”参数

步骤 09 ❶选择“饱和度”选项；❷拖曳滑块，将其参数值设置为5，提高蓝色和橙色的饱和度；❸点击✓按钮，如图2-23所示，即可完成调色。

步骤 10 最后点击“导出”按钮，如图2-24所示，即可导出视频。

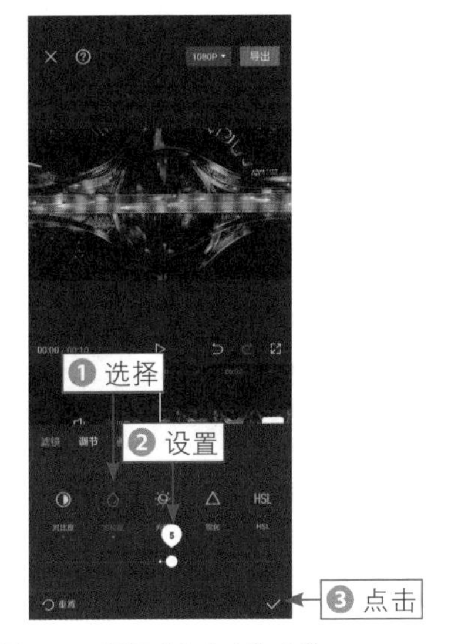

图 2-23　设置“饱和度”参数

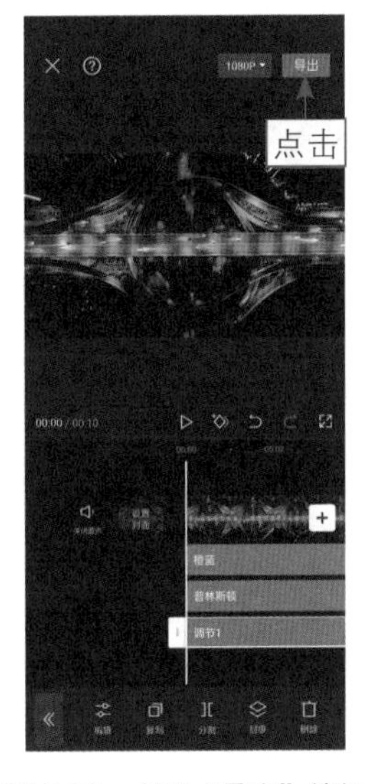

图 2-24　点击“导出”按钮

2.1.3 街景调色

扫码看教学视频

扫码看案例效果

【效果展示】：想在街景视频中调出复古港风色调，用户可以在剪映App中利用牛油果黄色色卡进行调色，增加视频的黄色底色。原图与效果图对比如图2-25所示。

图 2-25　原图与效果图对比

下面介绍在剪映App中进行街景调色的操作方法。

步骤 01 在剪映App中导入一段视频素材，点击“画中画”按钮，如图2-26所示。

步骤 02 点击“新增画中画”按钮，如图2-27所示。

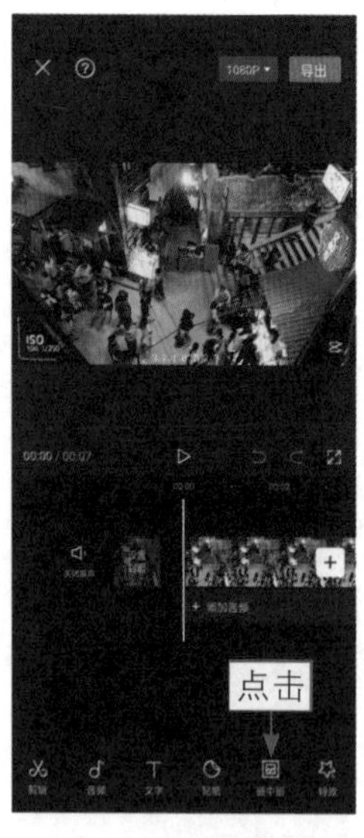

图 2-26　点击“画中画”按钮

图 2-27　点击“新增画中画”按钮

步骤 03 导入一张牛油果黄色色卡照片素材，❶ 放大照片素材，使其占满屏幕；❷ 调整其显示时长与视频时长一致；❸ 点击“混合模式”按钮，如图 2-28 所示。

步骤 04 进入“混合模式”面板，选择“柔光”选项，如图2-29所示。

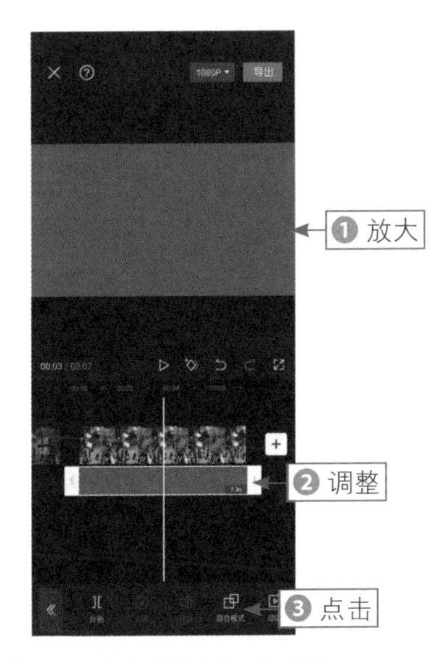

图 2-28　点击“混合模式”按钮

图 2-29　选择“柔光”选项

步骤 05 ❶选择视频；❷点击“滤镜”按钮，如图2-30所示。

步骤 06 进入“滤镜”选项卡，❶在“复古胶片”选项区中选择“花火”滤镜；❷设置强度为60，如图2-31所示，减轻滤镜效果。

图 2-30　点击“滤镜”按钮

图 2-31　设置滤镜强度

步骤 07 返回上一工具栏，点击“调节”按钮，进入“调节”选项卡，❶选择“光感”

选项；❷拖曳滑块，将其参数值设置为 10，如图 2-32 所示，提高画面的明亮度。

步骤 08 ❶选择“锐化”选项；❷拖曳滑块，将其参数值设置为10，如图2-33所示，提高画面清晰度。

图 2-32　设置“光感”参数

图 2-33　设置“锐化”参数

步骤 09 ❶选择“色温”选项；❷拖曳滑块，将其参数值设置为10，如图2-34所示，使画面偏暖。

步骤 10 ❶ 选择“色调”选项；❷ 拖曳滑块，将其参数值设置为 10，如图 2-35 所示，使画面偏洋红色。

步骤 11 ❶ 选择“褪色”选项；❷ 拖曳滑块，将其参数值设置为 10，如图 2-36 所示，使画面颜色减淡。

步骤 12 ❶ 选择“颗粒”选项；❷ 拖曳滑块，将其参数值设置为 10，如图 2-37 所示，给视频画面增加颗粒感，最后导出视频即可。

图 2-34　设置“色温”参数

图 2-35　设置“色调”参数

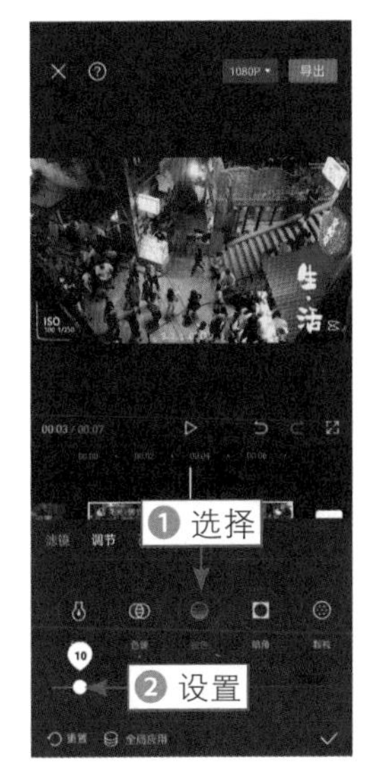

图 2-36　设置“褪色”参数

图 2-37　设置“颗粒”参数

2.1.4　建筑调色

【效果展示】：为视频添加滤镜并调色可以让暗淡的建筑变得明亮起来，让画面中的建筑更精致，使视频更有质感。原图与效果图对比如图2-38所示。

图 2-38　原图与效果图对比

下面介绍在剪映App中进行建筑调色的操作方法。

步骤 01 在剪映App中导入一段视频素材，点击“滤镜”按钮，如图2-39所示。

步骤 02 进入“滤镜”选项卡，❶在“基础”选项区中选择“清晰”滤镜；❷设置强度为60，减轻滤镜效果；❸点击✓按钮，如图2-40所示，即可添加滤镜。

图 2-39　点击“滤镜”按钮

图 2-40　点击相应的按钮

步骤 03 点击◀按钮返回上一级工具栏，点击“新增调节”按钮，如图 2-41 所示。

步骤 04 进入“调节”选项卡，❶选择“亮度”选项；❷拖曳滑块，将其参数值设置为10，如图2-42所示，提高画面的亮度。

图 2-41　点击“新增调节”按钮

图 2-42　设置“亮度”参数

步骤 05 ❶选择“对比度”选项；❷拖曳滑块，将其参数值设置为10，如图2-43所示，提高画面的明暗对比度。

步骤06 ❶选择"饱和度"选项；❷拖曳滑块，将其参数值设置为5，如图2-44所示，增加画面色彩饱和度。

图 2-43　设置"对比度"参数

图 2-44　设置"饱和度"参数

步骤07 ❶选择"光感"选项；❷拖曳滑块，将其参数值设置为5，如图2-45所示，提高画面光线的强度。

步骤08 ❶选择"锐化"选项；❷拖曳滑块，将其参数值设置为5，如图2-46所示，提高画面的清晰度。

图 2-45　设置"光感"参数

图 2-46　设置"锐化"参数

步骤 09 ❶选择“色温”选项；❷拖曳滑块，将其参数值设置为-5，如图2-47所示，使画面偏冷。

步骤 10 ❶选择“色调”选项；❷拖曳滑块，将其参数值设置为5；❸点击✓按钮，如图2-48所示，使画面色彩更加明艳。最后点击“导出”按钮，即可导出视频。

图 2-47　设置“色温”参数

图 2-48　设置“色调”参数

2.1.5　美食调色

扫码看教学视频

扫码看案例效果

【效果展示】：普通的食物经过这个万能美食色调处理之后就会变得更加诱人，让人更有食欲。原图与效果图对比如图2-49所示。

图 2-49　原图与效果图对比

下面介绍在剪映App中调出万能美食色调的操作方法。

步骤 01 在剪映App中导入一段视频素材，点击“滤镜”按钮，如图2-50所示。

步骤 02 ❶切换至“美食”选项区；❷选择“轻食”滤镜；❸点击✓按钮，如图2-51所示，进行初步调色。

图 2-50　点击“滤镜”按钮

图 2-51　点击相应的按钮

步骤 03 点击◀按钮返回上一级工具栏，点击“新增调节”按钮，如图2-52所示。

步骤 04 进入“调节”选项卡，❶ 选择“亮度”选项；❷ 拖曳滑块，设置其参数值为 10，如图 2-53 所示，提高画面的明亮度。

步骤 05 ❶ 选择“对比度”选项；❷ 拖曳滑块，设置其参数值为 10，如图 2-54 所示，提高画面的明暗对比度。

步骤 06 ❶选择“饱和度”选项；❷拖曳滑块，设置其参数值为 5，如图 2-55 所示，提高画面的色彩饱和度。

图 2-52　点击“新增调节”按钮

图 2-53　设置“亮度”参数

图 2-54　设置“对比度”参数

图 2-55　设置“饱和度”参数

步骤 07 ❶选择“光感”选项；❷拖曳滑块，将其参数值设置为5，如图2-56所示，提高画面光线的强度。

步骤 08 ❶选择“高光”选项；❷拖曳滑块，将其参数值设置为5，如图2-57所示，使明亮处更亮。

图 2-56　设置“光感”参数

图 2-57　设置“高光”参数

步骤 09 ❶选择“色温”选项；❷拖曳滑块，将其参数值设置为5，如

图2-58所示，使画面偏暖色。

步骤 10 ❶选择“色调”选项；❷拖曳滑块，将其参数值设置为5，如图2-59所示，使画面色彩更明艳。最后点击✓按钮后导出视频即可。

图 2-58　设置“色温”参数

图 2-59　设置“色调”参数

2.2　提升颜色质感

如果在拍摄视频时光线不好，在剪映中可以通过“调节”功能调整视频的光线。如果色彩饱和度不够，则可以通过添加滤镜、调节“饱和度”参数等方式让视频的画面变得更加美观。因此，用户可以通过对视频进行调色，例如添加多个不同的滤镜来提升视频的质感，让原本普通的视频秒变电影大片。本节介绍在剪映App进行氛围调色和柠青调色的操作方法。

2.2.1　氛围调色

扫码看教学视频

扫码看案例效果

【效果展示】：通过调色，用户可以将拍摄效果并不好的视频变成充满电影质感的视频，为视频增加电影感氛围。原图与效果图对比如图2-60所示。

图 2-60　原图与效果图对比

下面介绍在剪映App中进行氛围调色的操作方法。

步骤 01 在剪映App中导入一段视频素材，点击“滤镜”按钮，如图2-61所示。

步骤 02 进入“滤镜”选项卡，❶切换至“风景”选项区；❷选择“醒春”滤镜，如图2-62所示。

图 2-61　点击“滤镜”按钮

图 2-62　选择“醒春”滤镜

步骤 03 返回上一级工具栏，点击“新增调节”按钮，如图2-63所示。

步骤 04 进入“调节”选项卡，❶选择“亮度”选项；❷拖曳滑块，将其参数值设置为5，如图2-64所示，提高画面亮度。

步骤 05 ❶选择“对比度”选项；❷拖曳滑块，将其参数值设置为5，如图2-65所示，提高画面的明暗对比度。

步骤 06 ❶选择“饱和度”选项；❷拖曳滑块，将其参数值设置为10，如图2-66所示，提高画面的色彩饱和度。

图 2-63　点击“新增调节”按钮

图 2-64　设置“亮度”参数

图 2-65　设置“对比度”参数

图 2-66　设置“饱和度”参数

步骤 07 ❶选择“光感”选项；❷拖曳滑块，将其参数值设置为-5，如图2-67所示，降低画面的光线强度。

步骤 08 ❶选择“锐化”选项；❷拖曳滑块，将其参数值设置为5，如图2-68所示，提高画面的清晰度。

图 2-67　设置“光感”参数

图 2-68　设置“锐化”参数

步骤 09 ❶选择“高光”选项；❷拖曳滑块，将其参数值设置为5，如图2-69所示，提高画面高光部分的亮度。

步骤 10 ❶选择“色温”选项；❷拖曳滑块，将其参数值设置为-5，如图2-70所示，增加画面中的蓝色。

图 2-69　设置“高光”参数

图 2-70　设置“色温”参数

步骤 11 ❶选择“色调”选项；❷拖曳滑块，将其参数值设置为-5，如

图2-71所示，将画面色调稍微往绿色调整一些。

步骤 12 执行上述操作后，点击右上角的“导出”按钮，如图2-72所示，即可导出视频。

图 2-71　设置“色调”参数

图 2-72　点击“导出”按钮

2.2.2　柠青调色

【效果展示】：为视频添加“柠青”滤镜并调节相关参数，可以让原本普通的视频变得更有质感，视频画面也变得更透亮鲜艳。原图与效果图对比如图2-73所示。

扫码看教学视频

扫码看案例效果

图 2-73　原图与效果图对比

下面介绍在剪映App中调出柠青色调的操作方法。

步骤 01 在剪映App中导入一段视频素材，❶选择视频；❷点击“滤镜”按钮，如图2-74所示。

步骤 02 进入“滤镜”选项卡，❶切换至“风景”选项区；❷选择“柠青”

滤镜；❸设置强度为100，如图2-75所示，增强滤镜效果。

图 2-74　点击“滤镜”按钮

图 2-75　设置滤镜强度

步骤 03 返回主界面，点击“调节”按钮，如图2-76所示。

步骤 04 进入“调节”选项卡，❶选择“亮度”选项；❷拖曳滑块，将其参数值设置为-5，如图2-77所示，降低画面亮度。

图 2-76　点击“调节”按钮

图 2-77　设置“亮度”参数

步骤 05 ❶选择“对比度”选项；❷拖曳滑块，将其参数值设置为10，如

图2-78所示，提高画面明暗对比度。

步骤 06 ❶选择“饱和度”选项；❷拖曳滑块，将其参数值设置为10，如图2-79所示，提高画面的色彩饱和度。

图 2-78　设置“对比度”参数

图 2-79　设置“饱和度”参数

步骤 07 ❶选择“锐化”选项；❷拖曳滑块，将其参数值设置为20，如图2-80所示，提高画面清晰度。

步骤 08 ❶选择“色调”选项；❷拖曳滑块，将其参数值设置为10，如图2-81所示，深化画面中的洋红色效果。

图 2-80　设置“锐化”参数

图 2-81　设置“色调”参数

步骤09 ❶选择“暗角”选项；❷拖曳滑块，将其参数值设置为10，如图2-82所示，加深画面的四角阴影。

步骤10 点击右上角的“导出”按钮，如图2-83所示，即可导出视频。

图 2-82　设置“暗角”参数

图 2-83　点击“导出”按钮

本章小结

本章主要介绍给视频调色的方法。首先介绍了经典的调色方法，包括植物调色、夜景调色、街景调色、建筑调色及美食调色，然后介绍了两种提升颜色质感的方法，即氛围调色和柠青调色。通过对本章的了解和学习，读者可以掌握多种调色的方法，包括在调色过程中使用多种调色方法，使画面形成特殊色彩的技法。

课后习题

鉴于本章知识的重要性，为了帮助读者更好地掌握所学知识，本节将通过上机习题，帮助读者进行简单的知识回顾和补充。

扫码看教学视频

扫码看案例效果

本章习题需要大家学会在剪映App中使用预设进行调色的操作方法，原图与效果图对比如图2-84所示。

图 2-84　原图与效果图对比

第 3 章 设置花样转场

转场是指视频与视频之间的过渡与转换，也是视频连贯性的一种体现。转场有多种形式，有用镜头自然过渡的无技巧转场，也有常见的技巧转场。本章主要介绍 4 种常见的转场技巧。

3.1　特效转场

如果用户需要将多个素材剪辑成一个视频，可以在这些素材之间添加合适的转场特效，避免切换素材时显得生硬和突兀。用户可以在多个素材之间直接添加转场效果，也可以利用转场特效制作出独特的曲线转场。

3.1.1　基础转场

扫码看教学视频

扫码看案例效果

【效果展示】：用户可以在视频之间添加转场效果，使视频之间的切换变得流畅、自然，提升视频的美观度和趣味性，效果如图3-1所示。

图 3-1　原图与效果图对比

下面介绍使用剪映App为短视频添加基础转场效果的具体操作。

步骤 01 在剪映App中导入两段视频素材，点击第1段素材和第2段素材中间的 I 按钮，如图3-2所示。

步骤 02 执行操作后，进入“转场”面板，如图3-3所示。

图 3-2　点击相应的按钮

图 3-3　进入“转场”面板

步骤 03 切换至“叠化”选项卡，选择“推近”转场效果，如图3-4所示。

步骤 04 拖曳滑块，设置“推近”转场时长为0.5s，减少转场效果的持续时间，如图3-5所示。

图 3-4　选择“推近”转场效果

图 3-5　设置时长

步骤 05 点击✓按钮，如图3-6所示，即可确认添加转场效果。

步骤 06 ❶为视频添加一段合适的背景音乐；❷点击“导出”按钮即可导出

视频，如图3-7所示。

图 3-6　确认添加转场效果

图 3-7　点击“导出”按钮

3.1.2　抠图转场

【效果展示】：在剪映App中利用“色度抠图”功能就能制作出枫叶特效转场，让绿色植物经过转场之后变成枫叶，这个特效转场很适合季节变换的场景，尤其是夏天变秋天的视频场景中，效果如图3-8所示。

扫码看教学视频

扫码看案例效果

图 3-8　效果展示

下面介绍在剪映App中制作抠图转场效果的方法。

步骤 01 在剪映App中导入两张照片，点击“画中画”按钮，如图3-9所示。

步骤 02 点击“新增画中画”按钮，如图3-10所示，进入“照片视频”界面。

图 3-9　点击“画中画”按钮

图 3-10　点击“新增画中画”按钮

步骤 03 在“视频”选项卡中，❶选择枫叶转场特效素材；❷选中“高清”复选框；❸点击“添加”按钮，如图3-11所示，即可添加素材。

步骤 04 ❶调整素材画面大小，使其铺满屏幕；❷依次点击“抠像”|“色度抠图”按钮，如图3-12所示。

步骤 05 进入“色度抠图”面板，拖曳画面中的取色器，如图3-13所示，对画面中的蓝色进行取样。

步骤 06 ❶选择“强度”选项；❷拖曳滑块，设置其参数值为100，如图3-14所示。

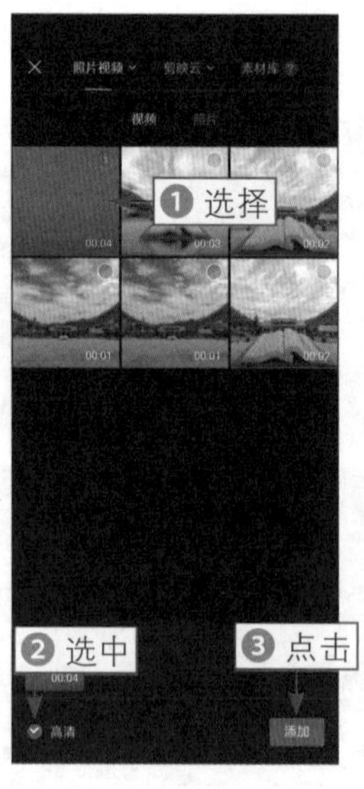

图 3-11　点击“添加”按钮

图 3-12　点击“色度抠图”按钮

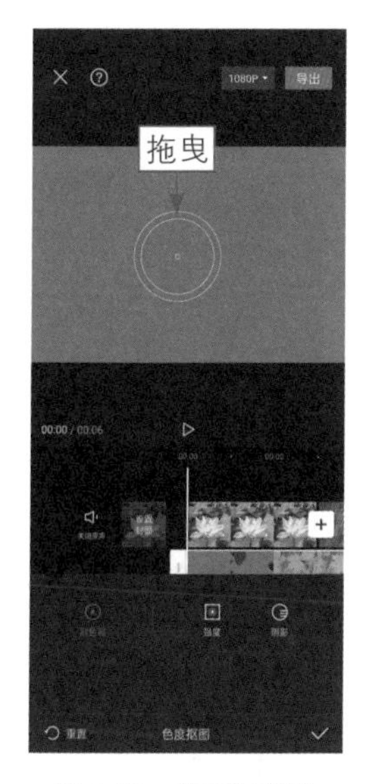

图 3-13　拖曳取色器

图 3-14　设置“强度”参数

步骤 07 ❶选择“阴影”选项；❷拖曳滑块，设置其参数值为100，如图3-15所示。

步骤 08 调整第1段素材的时长为2s、第2段素材的时长为2.4s，如图3-16所示。

图 3-15　设置“阴影”参数

图 3-16　调整素材时长

步骤 09 ❶选择第1段素材；❷点击“动画”按钮，如图3-17所示。

步骤10 在弹出的“动画”面板中，❶切换至“组合动画”选项卡；❷选择“旋转缩小”动画，如图3-18所示，为第1段素材添加动画效果。

图 3-17 点击“动画”按钮

图 3-18 选择“旋转缩小”动画

步骤11 ❶选择第2段视频素材；❷在“组合动画”选项卡中选择“滑入波动”动画，如图3-19所示，为第2段素材设置动画效果，让素材变得动感十足。

步骤12 添加合适的背景音乐，点击“导出”按钮，如图3-20所示，即可导出视频。

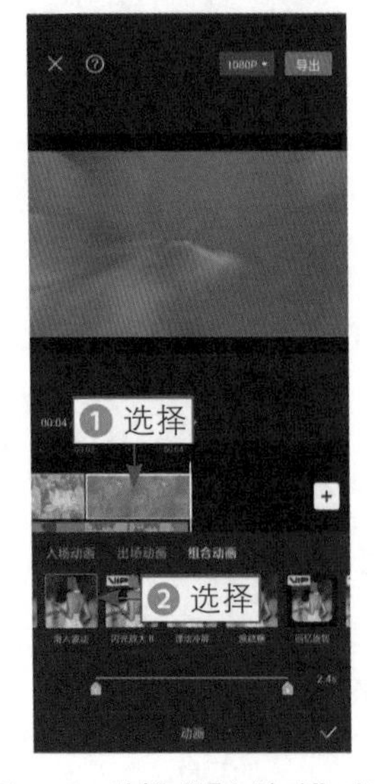

图 3-19 选择“滑入波动”动画

图 3-20 点击“导出”按钮

3.2　动态转场

在剪映App中运用各种抠像功能可以制作出有特色的动态转场效果，例如文字特效转场和动画特效转场。学会这些转场效果的制作方法，下次用在自己的视频中，将惊艳你的朋友圈。下面通过具体的案例来介绍这些转场效果的制作方法。

3.2.1　文字特效转场

扫码看教学视频

扫码看案例效果

【效果展示】：文字特效转场是转场效果中比较常见的一种，重点在于从文字中切出视频，效果如图3-21所示。

图 3-21　效果展示

下面介绍在剪映App中制作文字特效转场的具体操作。

步骤 01 在剪映App中导入一张绿幕照片素材，并调整素材时长为5.0s，如图3-22所示。

步骤 02 依次点击“文字”|“新建文本”按钮，添加“爱晚亭”文字，如图3-23所示，并设置相应的字体和颜色。

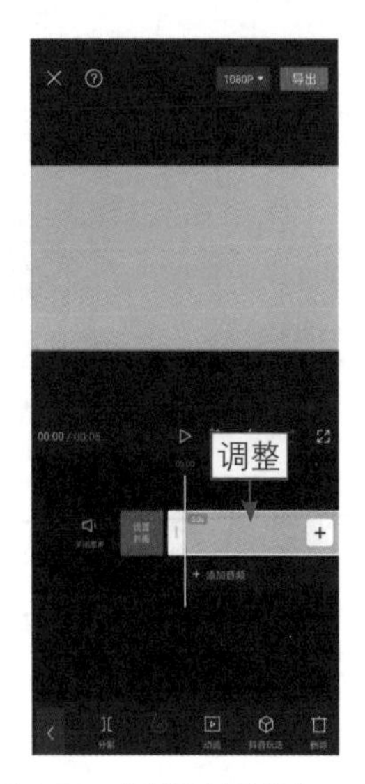

图 3-22　调整素材时长为 5.0s

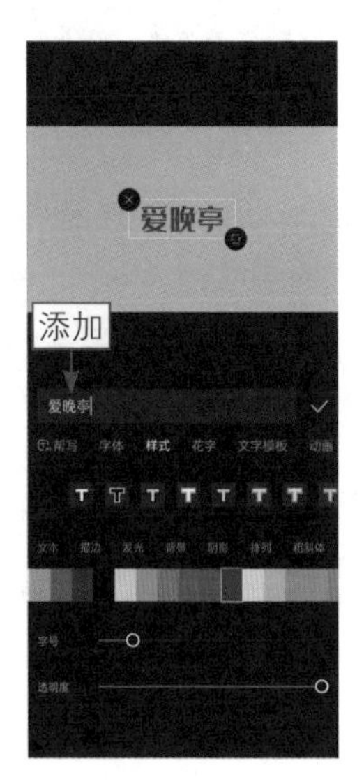

图 3-23　添加文字

步骤 03 拖曳文字右侧的白色拉杆，将文字时长调整为与视频时长一致，如图3-24所示。

步骤 04 ❶拖曳时间线至视频起始位置；❷点击按钮添加关键帧；❸调整文字的大小，如图3-25所示。

图 3-24　调整文字时长

图 3-25　调整文字的大小（1）

步骤 05 ❶拖曳时间线至第3s的位置；❷点击按钮添加关键帧；❸调整文字的大小，如图3-26所示。

步骤06 ❶拖曳时间线至视频末尾；❷点击◇按钮添加关键帧；❸调整文字的大小，将其放大到最大；❹点击“导出”按钮，保存视频，如图3-27所示。

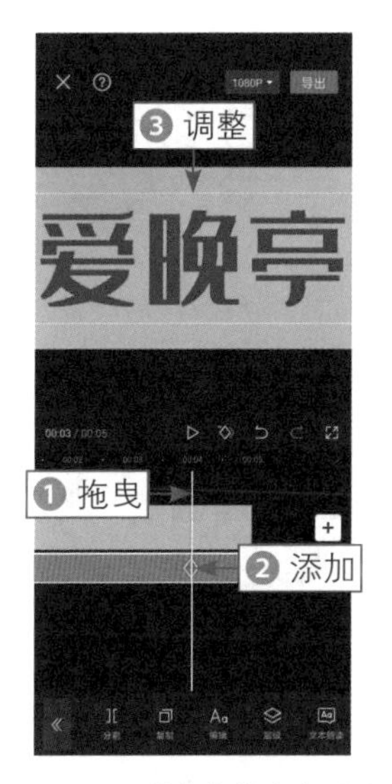

图 3-26　调整文字的大小（2）

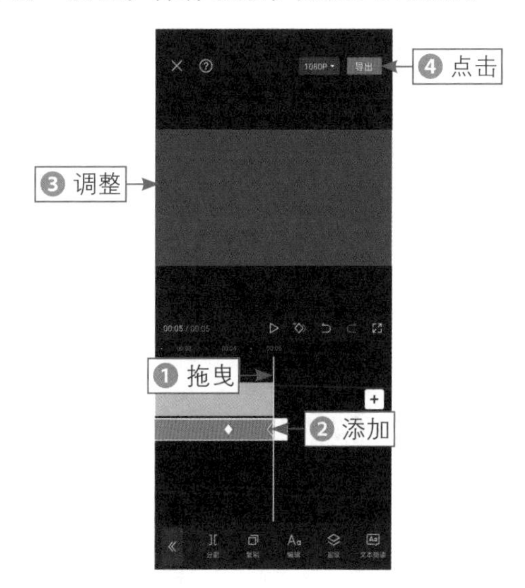

图 3-27　点击“导出”按钮（1）

步骤07 导入新的视频素材，依次点击“画中画”|“新增画中画”按钮，如图3-28所示。

步骤08 在“照片视频”界面的“视频”选项卡中，❶选择前面导出的视频；❷选中“高清”复选框；❸点击“添加”按钮，如图3-29所示，即可添加视频。

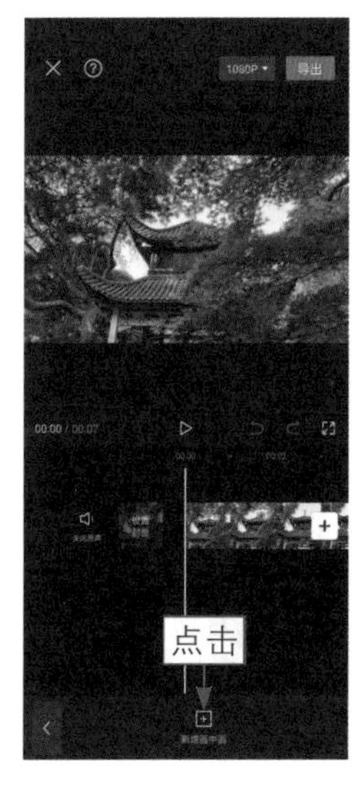

图 3-28　点击“新增画中画”按钮（1）

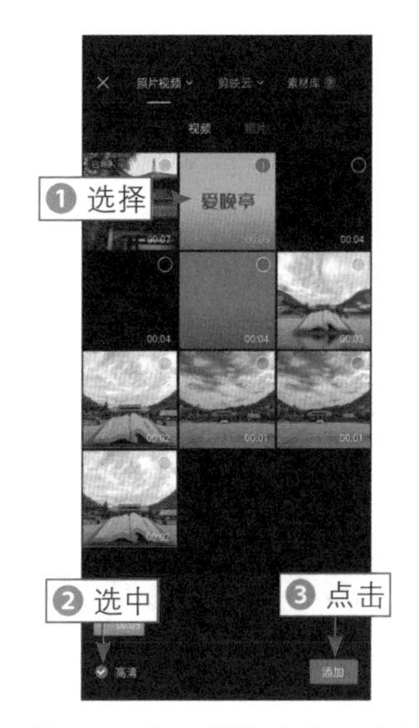

图 3-29　点击“添加”按钮（1）

步骤 09 执行操作后，❶调整导入视频的画面大小；❷依次点击“抠像”|“色度抠图”按钮，如图3-30所示，进入“色度抠图”面板。

步骤 10 拖曳屏幕中的取色器，对画面中的红色进行取样，如图3-31所示。

图 3-30　点击“色度抠图”按钮（1）

图 3-31　对画面中的红色进行取样

步骤 11 ❶选择“强度”选项；❷设置其参数值为30；❸点击“导出”按钮，保存视频，如图3-32所示。

步骤 12 新建一个草稿文件，导入第 2 段新的视频素材，依次点击“画中画”|“新增画中画”按钮，如图 3-33 所示。

图 3-32　点击“导出”按钮（2）

图 3-33　点击“新增画中画”按钮（2）

步骤13 在“照片视频”界面的“视频”选项卡中，❶选择上一步导出的视频；❷选中“高清”复选框；❸点击“添加”按钮，如图 3-34 所示，即可添加视频。

步骤14 执行操作后，❶调整导入视频的画面大小；❷依次点击“抠像”|“色度抠图”按钮，如图3-35所示。

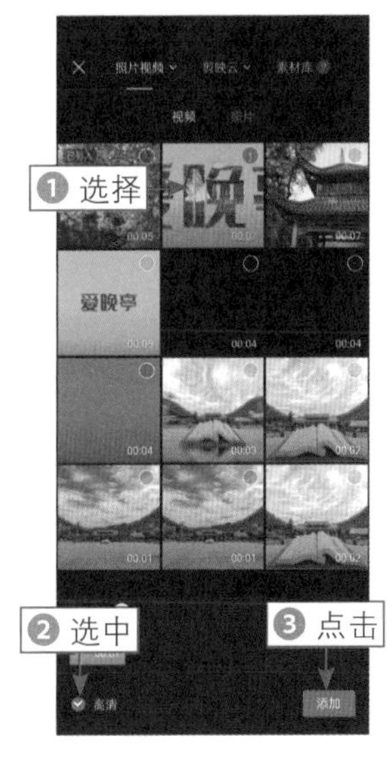

图 3-34　点击“添加”按钮（2）

图 3-35　点击“色度抠图”按钮（2）

步骤15 拖曳屏幕中的取色器，在绿色背景上取样，如图 3-36 所示。

步骤16 ❶选择“强度”选项；❷设置“强度”参数值为 26；❸点击✓按钮，如图 3-37 所示，即可抠出绿色背景。最后添加合适的背景音乐后，即可导出视频。

图 3-36　在绿色背景上取样

图 3-37　点击相应的按钮

3.2.2　动画特效转场

扫码看教学视频

扫码看案例效果

【效果展示】：添加动画特效转场的关键在于对动画、特效及转场的挑选和使用，搭配得当就能得到满意的效果，效果如图3-38所示。

图 3-38　效果展示

下面介绍在剪映App中制作动画特效转场视频的具体操作。

步骤 01 在剪映App中导入4张照片素材，❶选择第1张照片素材；❷点击“动画”按钮，如图3-39所示。

步骤 02 弹出“动画”面板，在“入场动画”选项卡中选择“放大”动画，如图3-40所示，为第1段素材添加“放大”动画效果。

图 3-39　点击“动画”按钮

图 3-40　选择“放大”动画

步骤 03 为第2段素材添加“组合动画”选项卡中的“四格翻转Ⅱ”动画，如图3-41所示。

步骤 04 用与上面相同的方法，为第3段素材添加“组合动画”选项卡中的“分身Ⅱ”动画，如图3-42所示。

图 3-41 添加“四格翻转Ⅱ”动画

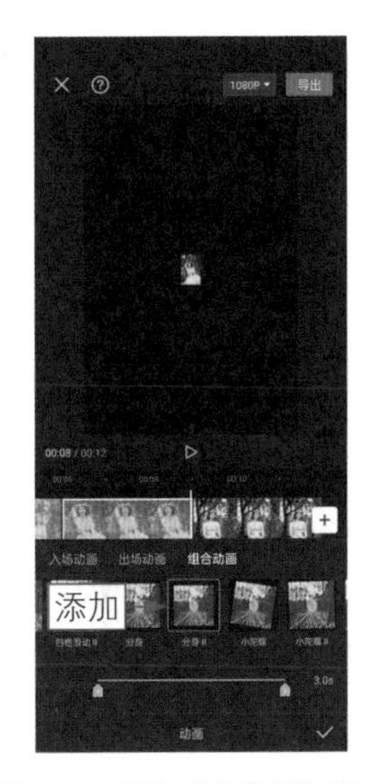

图 3-42 添加“分身Ⅱ”动画

步骤 05 为第4段素材添加“组合动画”选项卡中的“旋入晃动”动画，如图3-43所示。

步骤 06 点击前两个视频素材连接处的按钮，如图3-44所示。

图 3-43 添加“旋入晃动”动画

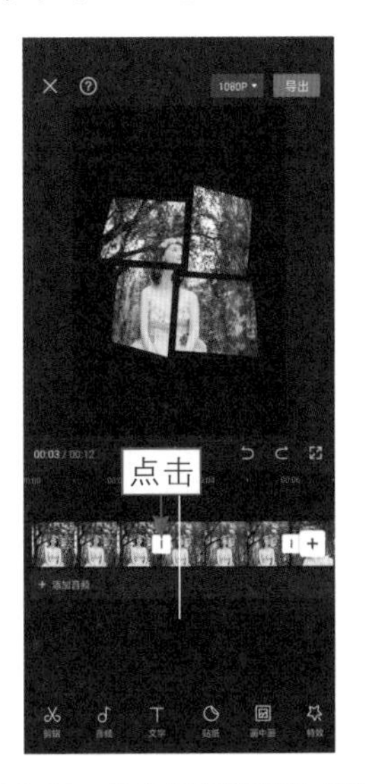

图 3-44 点击相应的按钮（1）

步骤 07 在弹出的“转场”面板中，❶切换至“叠化”选项卡；❷选择“渐变擦除”转场；❸点击✓按钮，如图3-45所示，即可确认添加转场。

步骤 08 用与上面相同的方法，在第2段和第3段素材中间添加“运镜”选项卡中的“拉远”转场，如图3-46所示。

图 3-45　点击相应的按钮（2）

图 3-46　添加“拉远”转场

步骤 09 在第3段和第4段素材中间添加“运镜”选项卡中的“顺时针旋转”转场，如图3-47所示。

步骤 10 ❶拖曳时间线至视频开头；❷点击“特效”按钮，如图3-48所示。

步骤 11 点击“画面特效”按钮，❶切换至“基础”选项卡；❷选择“变清晰”特效；❸点击✓按钮，如图3-49所示，即可确认添加特效。

图 3-47　添加“顺时针旋转”转场

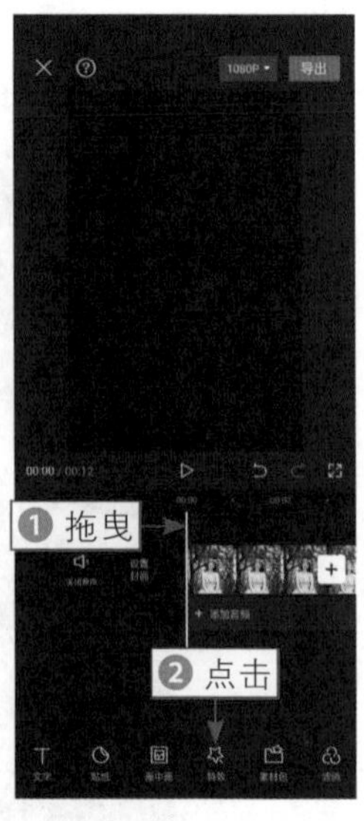

图 3-48　点击“特效”按钮

步骤 12 拖曳“变清晰”特效右侧的白色拉杆，调整其时长与第 1 段素材的时长一致，如图 3-50 所示。

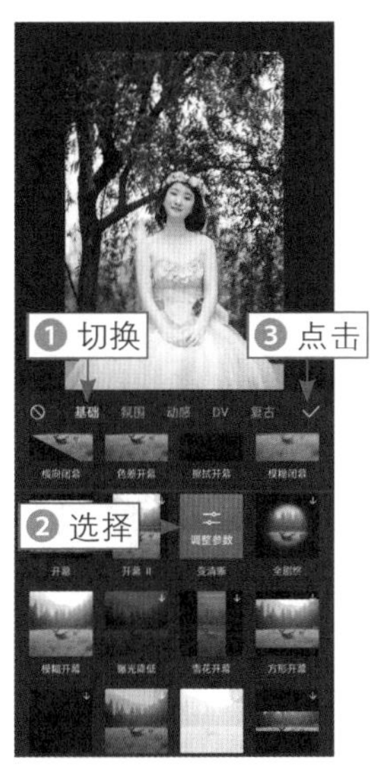

图 3-49 点击相应的按钮（3）

图 3-50 调整特效时长

步骤 13 用与上面相同的方法，为其他3段素材添加相应的特效，如图3-51所示。

步骤 14 为视频添加合适的背景音乐，点击“导出”按钮即可导出视频，如图3-52所示。

图 3-51 添加相应的特效

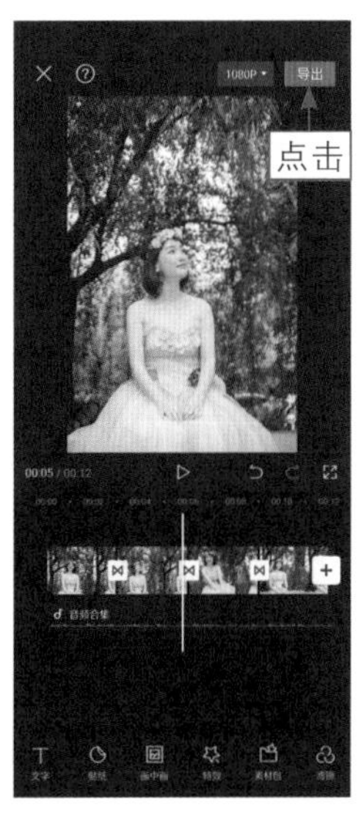

图 3-52 点击“导出”按钮

本章小结

本章主要介绍设置视频转场的方法，首先介绍了如何添加特效转场，然后介绍了动态转场效果的制作方法，帮助大家快速掌握各种转场效果的制作方法，读者可以将其熟练应用到自己的视频中。

课后习题

扫码看教学视频

扫码看案例效果

鉴于本章知识的重要性，为了帮助读者更好地掌握所学知识，本节将通过上机习题，帮助读者进行简单的知识回顾和补充。

本章习题需要大家学会在剪映App中制作笔刷转场效果，如图3-53所示。

图 3-53　效果展示

第 4 章
高能玩转字幕

字幕在视频中起着帮助观众理解视频内容的作用，在剪映 App 中不仅有丰富的字体样式，还有多种文字模板，更有各种文字功能。本章主要为大家介绍如何在剪映 App 中进行字幕编辑，从添加文字到制作文字特效，帮助大家轻松提高视频视觉效果。

4.1 添加文字效果

在剪映中添加文字的方式有很多，既可以直接输入文字，自定义设置文字效果，也可以套用文字模板，还可以识别字幕和识别歌词。本节就为大家介绍如何添加文字及效果。

4.1.1 添加文字

扫码看教学视频

扫码看案例效果

【效果展示】：根据视频画面展示的内容可以为视频添加合适的文字，还可以为文字设置字体、添加动画，让文字更加生动，效果如图4-1所示。

图 4-1　效果展示

下面介绍在剪映App中为视频添加文字的具体操作。

步骤 01 在剪映App中导入素材，依次点击“文字”按钮和“新建文本”按钮，如图4-2所示。

步骤 02 ❶输入文字内容；❷在“字体”选项卡中选择合适的中文字体，如

图4-3所示。

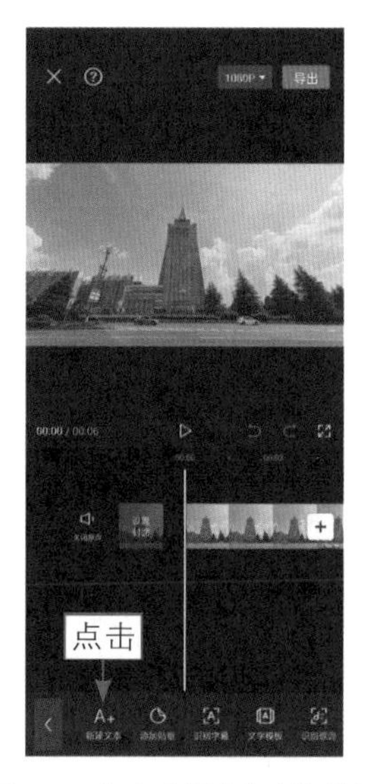

图 4-2　点击“新建文本”按钮

图 4-3　选择合适的中文字体

步骤 03 切换至“样式”选项卡并设置“字号”参数值为20，如图4-4所示。

步骤 04 调整文字时长与视频时长一致，如图4-5所示。

图 4-4　设置“字号”参数

图 4-5　调整文字时长

步骤 05 在工具栏中点击“动画”按钮，❶选择“模糊”入场动画；❷设置动画时长为3.0s，如图4-6所示。

步骤06 ❶切换至“出场”选项区；❷选择“弹弓”动画；❸微微放大文字；❹设置动画时长为2.5s，如图4-7所示。

图4-6　设置动画时长（1）

图4-7　设置动画时长（2）

4.1.2　文字模板

【效果展示】：在剪映App中有很多文字模板可选，为视频添加文字模板之后，只需更改文字内容，就可得到理想的文字效果，如图4-8所示。

扫码看教学视频

扫码看案例效果

图4-8　效果展示

下面介绍在剪映App中为视频添加文字模板的具体操作。

步骤01 在剪映App中导入视频素材，依次点击“文字”按钮和“文字模板”按钮，如图4-9所示。

步骤 02 ❶切换至“简约”选项区；❷选择一款文字模板；❸更改文字内容，如图4-10所示。

图 4-9　点击“文字模板”按钮

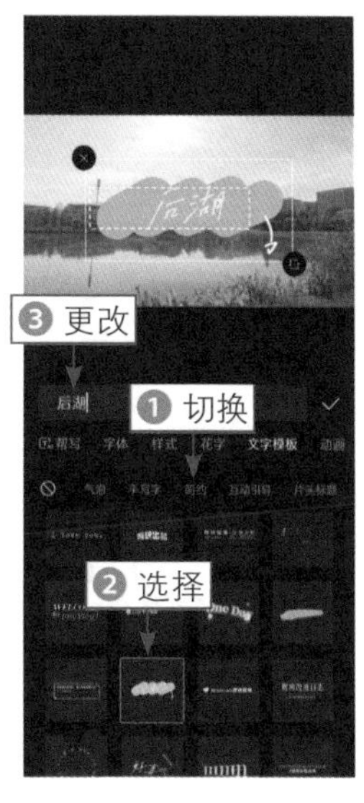

图 4-10　更改文字内容

步骤 03 调整文字的时长与视频时长一致，如图4-11所示。

步骤 04 在工具栏中点击“动画”按钮，❶在“入场”选项区中选择“晕开”入场动画；❷并设置动画时长为3.0s，如图4-12所示。

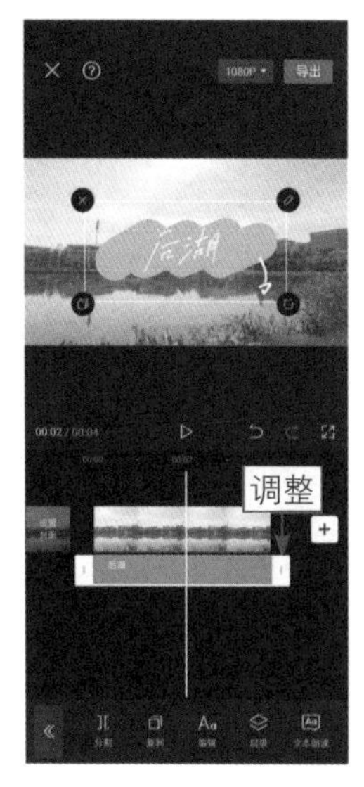

图 4-11　调整文字时长

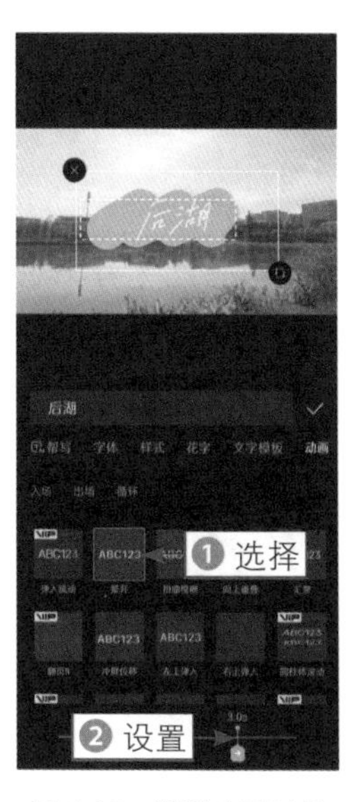

图 4-12　设置动画时长

4.1.3 识别字幕

扫码看教学视频

扫码看案例效果

【效果展示】：在剪映中可以通过“识别字幕”功能把视频中的语音识别成字幕，后期再给文字添加一些效果即可，如图4-13所示。

图 4-13 效果展示

下面介绍在剪映App中为视频识别字幕的具体操作。

步骤 01 在剪映App中导入视频素材，依次点击“文字”按钮和“识别字幕”按钮，如图4-14所示。

步骤 02 在弹出的面板中点击“开始匹配”按钮，如图4-15所示，即可开始识别和匹配字幕。

图 4-14 点击“识别字幕”按钮

图 4-15 点击“开始匹配”按钮

步骤 03 选择一段文字，点击“编辑”按钮，如图4-16所示。

步骤 04 在“样式”选项卡中，设置“字号”参数值为9，如图4-17所示。

图 4-16　点击“编辑”按钮

图 4-17　设置“字号”参数

步骤 05 ❶切换至“描边”选项区；❷选择适当的样式，如图4-18所示，为文字添加描边效果。

步骤 06 ❶切换至“文本”选项区；❷选择文字颜色，如图4-19所示，为文字添加颜色。

图 4-18　选择适当的样式

图 4-19　选择文字颜色

步骤07 ❶切换至“字体”选项卡；❷选择合适的字体，如图4-20所示。

步骤08 适当调整最后一段的文字时长，如图4-21所示。

图 4-20 选择合适的字体

图 4-21 调整文字时长

4.1.4 识别歌词

扫码看教学视频

扫码看案例效果

【效果展示】：在剪映中也能制作KTV点播版本的卡拉OK歌词字幕，方法非常简单，只需准备好有中文歌词的音乐视频即可，效果如图4-22所示。

图 4-22 效果展示

下面介绍在剪映App中识别视频中歌曲的歌词的具体操作。

步骤01 在剪映App中导入视频素材，依次点击“文字”按钮和“识别歌词”按钮，如图4-23所示。

步骤 02 在弹出的“识别歌词”面板中点击“开始匹配”按钮，如图4-24所示。

图 4-23　点击“识别歌词”按钮

图 4-24　点击“开始匹配”按钮

步骤 03 选择一段文字，点击“编辑”按钮，如图4-25所示。

步骤 04 在“样式”选项卡中，设置“字号”参数值为9，如图4-26所示。

图 4-25　点击“编辑”按钮

图 4-26　设置“字号”参数

步骤 05 切换至“字体”选项卡，为文字选择合适的字体，如图4-27所示。

步骤06 切换至“动画”选项卡，❶选择“卡拉OK”入场动画；❷选择黄色色块；❸点击✓按钮，如图4-28所示，即可添加动画效果。

图 4-27　选择合适的字体

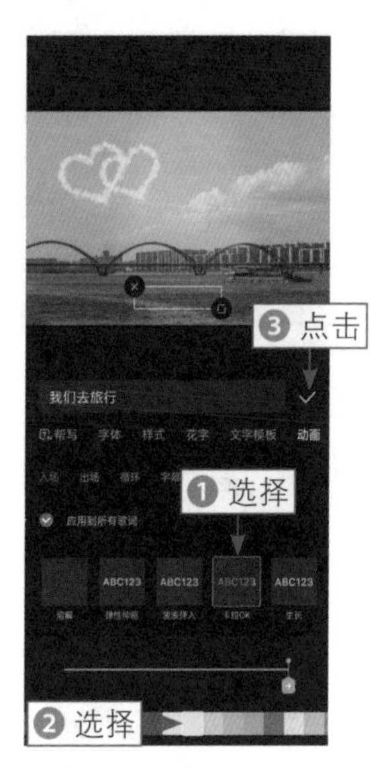

图 4-28　点击相应的按钮

步骤07 在“样式”选项卡中，取消选中“应用到所有歌词”复选框，如图4-29所示，方便后面分开调整文字的位置。

步骤08 调整两段文字的时长和位置，如图4-30所示。

图 4-29　取消选中相应的复选框

图 4-30　调整文字的时长和位置

4.2　添加花字和贴纸

在剪映中，除了可以为视频添加文字和文字模板、识别字幕和识别歌词，还能添加花字和贴纸，丰富文字效果，让视频中的文字更加显眼，从而传递视频主题。本节将为大家介绍如何添加花字和贴纸。

4.2.1　花样字幕

扫码看教学视频

扫码看案例效果

【效果展示】：剪映App里有很多花字样式，而且颜色非常醒目，通过添加花字制作花样字幕，第一眼就能引人注目，效果如图4-31所示。

图 4-31　效果展示

下面介绍在剪映App中为视频添加花样字幕的具体操作。

步骤 01 在剪映App中导入一段视频素材，依次点击“文字”按钮和“新建文本”按钮，如图4-32所示。

步骤 02 执行操作后，❶切换至“花字”选项卡；❷选择一款合适的花字样式，如图4-33所示。

图 4-32　点击“新建文本”按钮

图 4-33　选择花字样式

步骤 03 ❶输入文字内容；❷切换至“字体”选项卡；❸选择合适的字体；❹适当调整文字的位置和大小，如图4-34所示。

步骤 04 ❶切换至“动画”选项卡；❷选择“逐字显影”入场动画；❸设置动画时长为2.0s，如图4-35所示，为文字添加入场动画。

步骤 05 ❶切换至“出场”选项区；❷选择“渐隐”动画，如图4-36所示，为文字添加出场动画。

图 4-34　调整文字的位置和大小

图 4-35　设置动画时长

步骤 06 调整文字的时长，使其与视频时长一致，如图4-37所示。

图 4-36　选择“渐隐”动画

图 4-37　调整文字的时长

4.2.2　动态贴纸

扫码看教学视频

扫码看案例效果

【效果展示】：在剪映App中有很多贴纸，不仅有静态的贴纸，还有动态的贴纸，在视频里可以添加烟花贴纸，让视频画面更加绚丽，如图4-38所示。

图 4-38　效果展示

下面介绍在剪映App中为视频添加动态贴纸的具体操作。

步骤 01 在剪映App中导入视频素材，依次点击“文字”按钮和“添加贴纸”按钮，如图4-39所示。

步骤 02 ❶搜索“烟花”贴纸；❷选择一款贴纸，如图4-40所示。

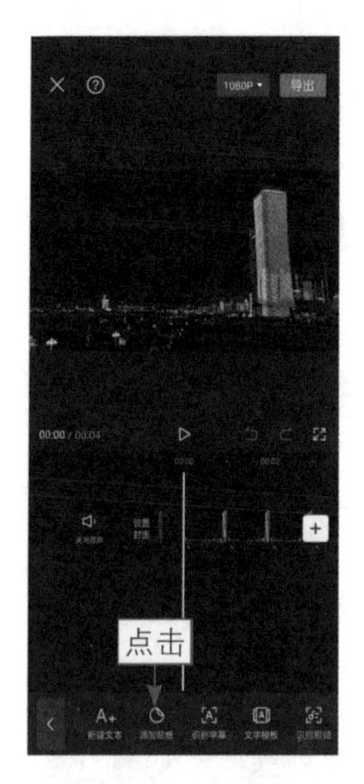

图 4-39　点击“添加贴纸”按钮

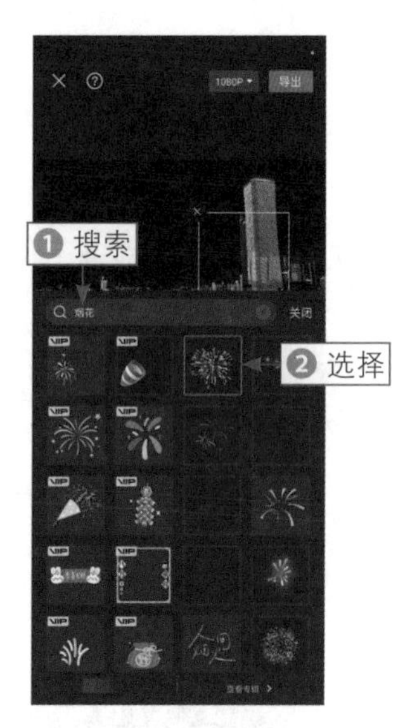

图 4-40　选择一款贴纸

步骤 03 选择第2款烟花贴纸，如图4-41所示。

步骤 04 继续选择第3款烟花贴纸，如图4-42所示。

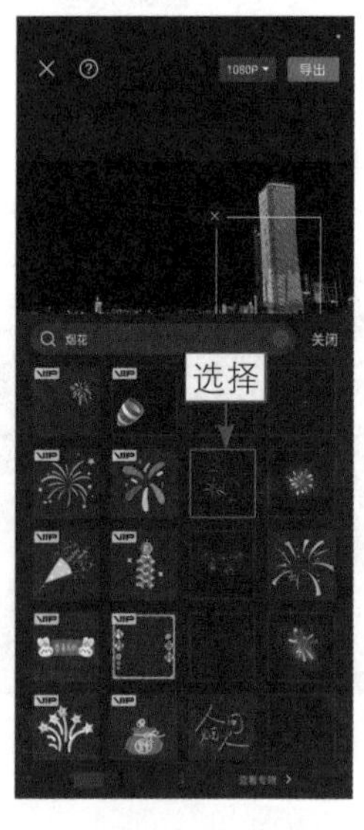

图 4-41　选择第 2 款烟花贴纸

图 4-42　选择第 3 款烟花贴纸

步骤 05 ❶调整3款贴纸的时长，使其与视频时长一致；❷调整3款贴纸的大小和位置，如图4-43所示。

步骤 06 返回一级工具栏，❶拖曳时间线至视频起始位置；❷依次点击“音频”按钮和“音效”按钮，如图4-44所示。

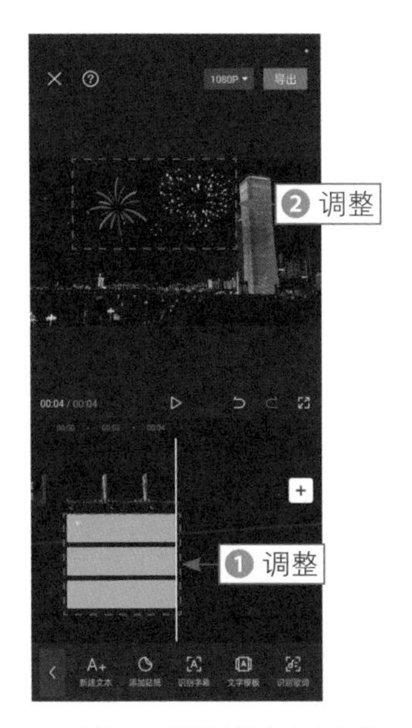

图 4-43　调整 3 款贴纸的大小和位置

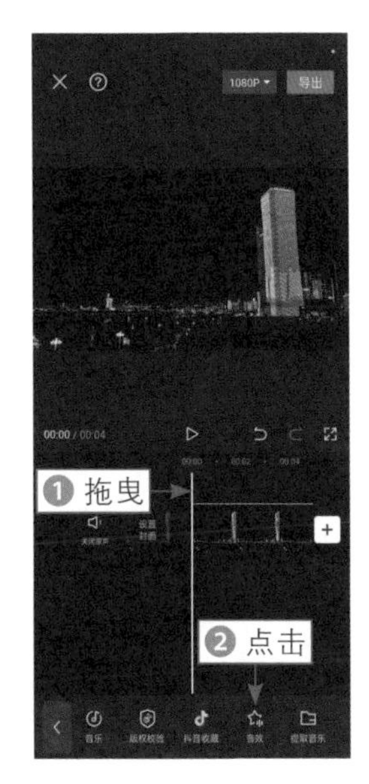

图 4-44　点击“音效”按钮

步骤 07 ❶搜索“烟花”音效；❷点击“烟花声”音效右侧的“使用”按钮，如图4-45所示，为视频添加“烟花声”音效。

步骤 08 调整音效的时长，使其与视频时长一致，如图4-46所示。

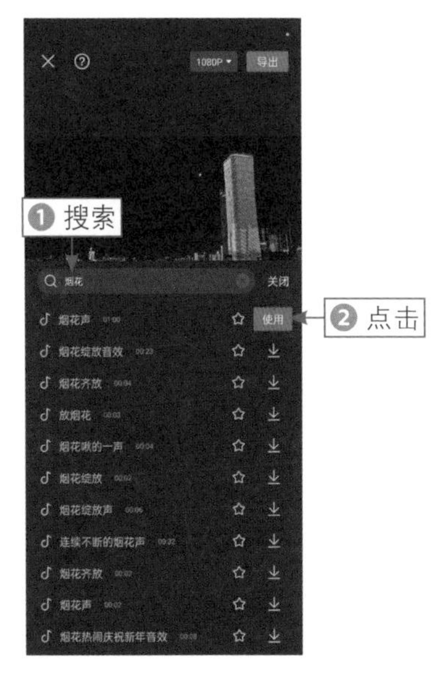

图 4-45　点击“使用”按钮

图 4-46　调整音效的时长

4.3　制作文字特效

前面介绍了基础的添加文字效果和添加花字、贴纸的具体操作，本节将为大家介绍如何在剪映App中制作精彩的文字特效，让视频中的文字特效与众不同！

4.3.1　特效字幕

扫码看教学视频

扫码看案例效果

【效果展示】：在剪映App中通过添加“模糊”特效，就能制作开场的模糊文字特效，而且这样朦朦胧胧的文字还具有神秘感，效果如图4-47所示。

图 4-47　效果展示

下面介绍在剪映App中为视频制作特效字幕的具体操作。

步骤01 打开剪映App，❶切换至“素材库”界面；❷在“热门”选项卡中选择黑场素材；❸选中“高清”复选框；❹点击“添加”按钮，如图4-48所示。

步骤02 依次点击“文字”按钮和“新建文本”按钮，如图4-49所示。

图 4-48　点击“添加”按钮（1）

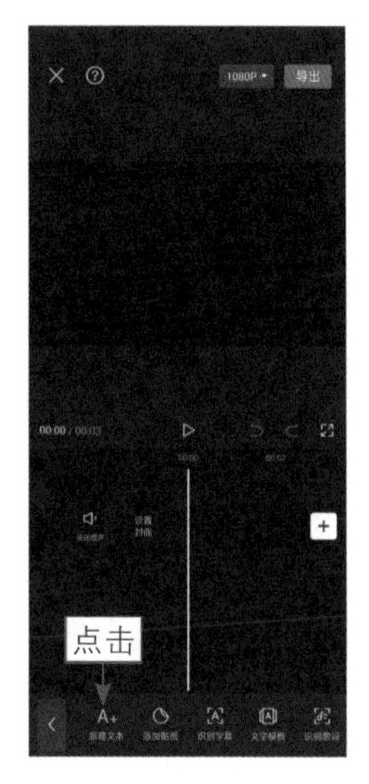

图 4-49　点击“新建文本”按钮

步骤 03 ❶输入文字内容；❷在“字体”选项卡中选择合适的字体，如图4-50所示。

步骤 04 切换至“样式”选项卡，❶设置“字号”参数值为15；❷适当调整文字的位置，如图4-51所示。

图 4-50　选择合适的字体

图 4-51　调整文字的位置

步骤 05 ❶调整视频和文字的时长都为5.0s；❷点击“导出”按钮，如图4-52

所示，即可导出视频并保存。

步骤06 在剪映App中导入背景视频素材，依次点击“画中画”按钮和“新增画中画”按钮，如图4-53所示。

图4-52 点击“导出”按钮

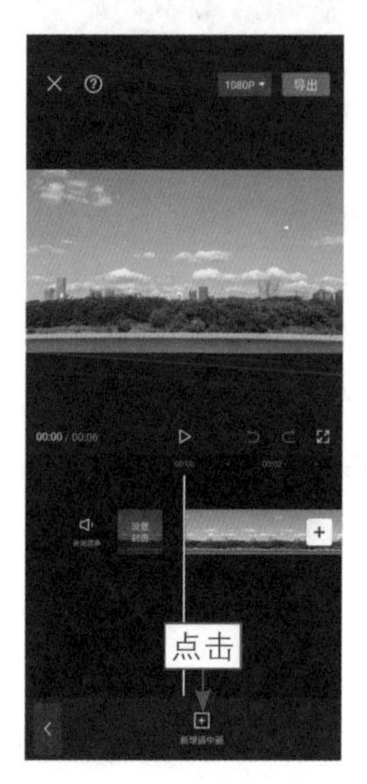

图4-53 点击“新增画中画”按钮

步骤07 ❶在“照片视频”界面选择前面导出的文字视频素材；❷选中“高清”复选框；❸点击“添加”按钮，如图4-54所示，即可添加视频。

步骤08 ❶调整视频的画面大小；❷点击“混合模式”按钮，如图4-55所示。

图4-54 点击“添加”按钮（2）

图4-55 点击“混合模式”按钮

步骤 09 在弹出的“混合模式”面板中，选择“滤色”选项，如图4-56所示。

步骤 10 调整背景视频的时长，使其与文字素材的时长一致，如图4-57所示。

图 4-56　选择“滤色”选项

图 4-57　调整背景视频时长

步骤 11 返回一级工具栏，在视频起始位置依次点击“特效”按钮和“画面特效”按钮，如图4-58所示。

步骤 12 ❶切换至“基础”选项卡；❷选择“模糊”特效，如图4-59所示。

图 4-58　点击“画面特效”按钮

图 4-59　选择“模糊”特效

步骤 13 添加特效之后，点击“作用对象”按钮，如图4-60所示。

步骤 14 在弹出的“作用对象”面板中，选择“画中画”选项，如图4-61所示。

图 4-60　点击“作用对象”按钮

图 4-61　选择“画中画”选项

步骤 15 在特效的起始位置点击◇按钮，添加关键帧，如图4-62所示，即可弹出“调整参数”面板。

步骤 16 ❶拖曳时间线至特效末尾；❷添加关键帧；❸设置“模糊度”参数值为0，如图4-63所示。

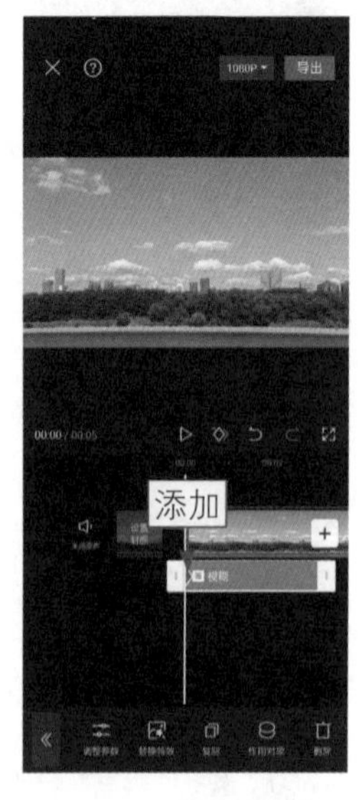

图 4-62　添加关键帧

图 4-63　设置“模糊度”参数

4.3.2　文字消散

扫码看教学视频

扫码看案例效果

【效果展示】：在剪映App中，通过添加烟雾特效素材，就能制作出文字消散的效果，如图4-64所示。

图 4-64　效果展示

下面介绍在剪映App中为视频制作文字消散效果的具体操作。

步骤 01 在剪映App中导入视频素材，依次点击“文字”按钮和“新建文本”按钮，如图4-65所示。

步骤 02 ❶输入文字内容；❷在“字体”选项卡中选择合适的字体；❸调整文字的大小和位置，如图4-66所示。

图 4-65　点击“新建文本”按钮

图 4-66　调整文字的大小和位置

步骤 03 执行操作后，❶调整文字时长与视频时长一致；❷点击“编辑”按钮，如图4-67所示。

步骤04 进入相应的界面，❶切换至“动画”选项卡；❷选择“逐字显影”入场动画；❸设置动画时长为2.0s，如图4-68所示。

图4-67 点击“编辑”按钮

图4-68 设置动画时长（1）

步骤05 ❶切换至“出场”选项区；❷选择“溶解”动画；❸设置动画时长为2.0s，如图4-69所示。

步骤06 在“溶解”动画的起始位置依次点击“画中画”按钮和“新增画中画”按钮，如图4-70所示。

图4-69 设置动画时长（2）

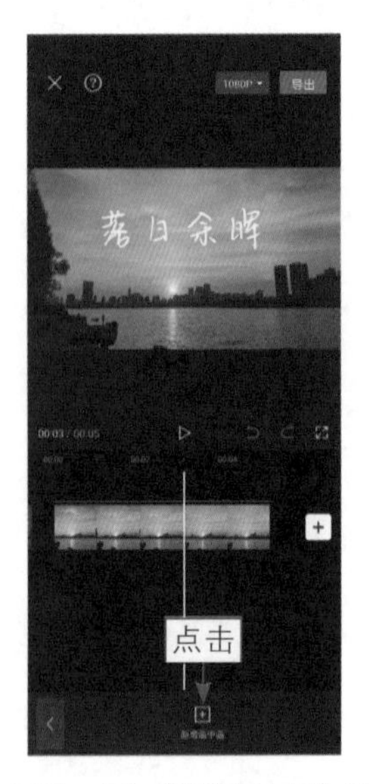

图4-70 点击“新增画中画”按钮

步骤07 在“素材库”界面中搜索“文字消散”，❶选择烟雾视频素材；❷选中“高清”复选框；❸点击“添加”按钮，如图4-71所示。

步骤08 在工具栏中点击“混合模式”按钮，❶选择“滤色”选项；❷调整烟雾素材的画面大小，如图4-72所示。

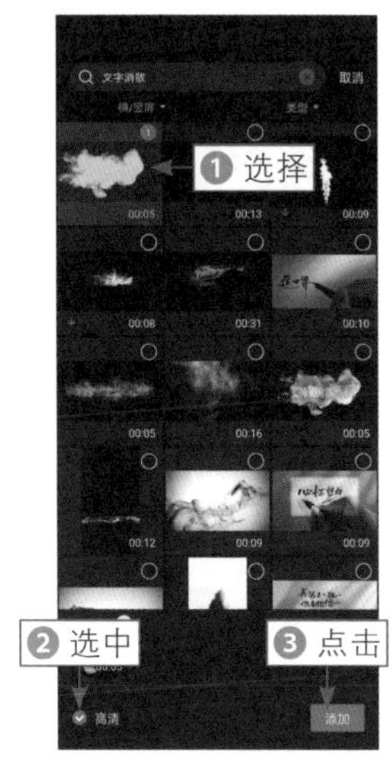

图 4-71　点击“添加”按钮

图 4-72　调整烟雾素材的画面大小

步骤09 拖曳烟雾素材右侧的白色拉杆至视频末尾位置，如图4-73所示。

步骤10 点击“导出”按钮，如图4-74所示，即可导出并保存视频。

图 4-73　拖曳右侧的白色拉杆

图 4-74　点击“导出”按钮

4.3.3 扫光字幕

扫码看教学视频

扫码看案例效果

【效果展示】：扫光字幕画面比较酷炫，关键在于制作出文字被光扫射，慢慢显现出来的效果，非常适合用在视频开场中，效果如图4-75所示。

图 4-75 效果展示

下面介绍在剪映App中为视频添加扫光字幕的具体操作。

步骤 01 打开剪映App，❶切换至“素材库”界面；❷在“热门”选项卡中选择黑场素材；❸选中“高清”复选框；❹点击“添加”按钮，如图4-76所示。

步骤 02 在工具栏中依次点击“文字”和“新建文本”按钮，如图4-77所示。

图 4-76 点击“添加”按钮

图 4-77 点击“新建文本”按钮

步骤 03 ❶添加文字；❷在“字体”选项卡中选择合适的字体，如图4-78所示。

步骤 04 ❶切换至“样式”选项卡；❷设置“字号”参数值为20；❸在预览

区域适当调整文字的位置，如图4-79所示。

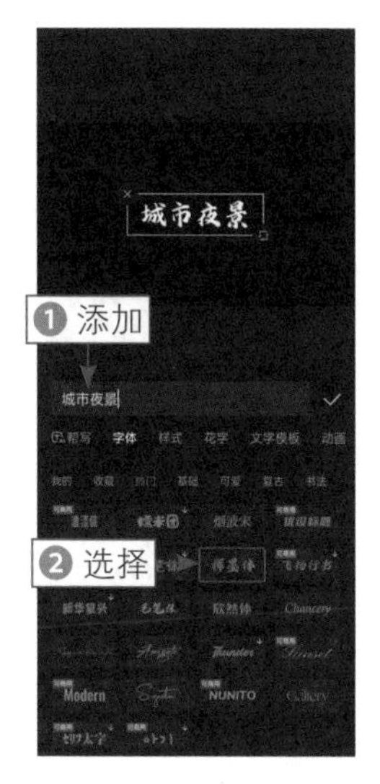

图 4-78　选择合适的字体

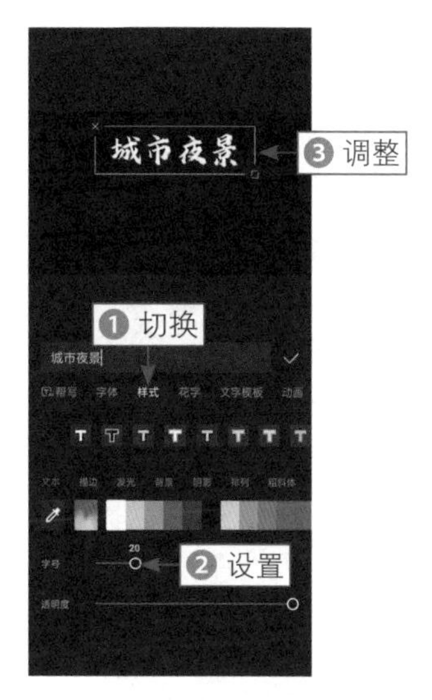

图 4-79　调整文字的位置

步骤 05 ❶调整视频和文字的时长都为5.0s；❷点击“导出”按钮导出素材，如图4-80所示。

步骤 06 导出之后回到编辑界面，点击“文字”按钮，如图4-81所示。

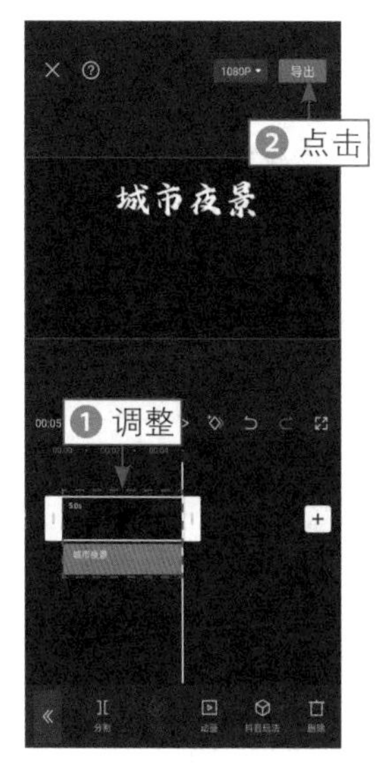

图 4-80　点击“导出”按钮（1）

图 4-81　点击“文字”按钮

步骤 07 双击预览区域的文字，❶在“样式”选项卡中选择灰色色块；❷点击“导出”按钮导出素材，如图4-82所示。

步骤 08 在剪映中依次导入白色文字素材和灰色文字素材，如图4-83所示。

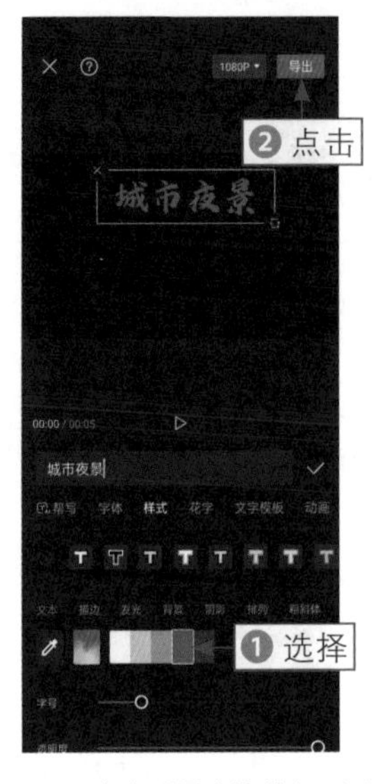

图 4-82　点击“导出”按钮（2）

图 4-83　导入素材

步骤 09 ❶选择白色文字素材；❷点击“切画中画”按钮，如图4-84所示。

步骤 10 把素材切换至画中画轨道中之后，❶在素材起始位置点击◇按钮添加关键帧；❷点击“蒙版”按钮，如图4-85所示。

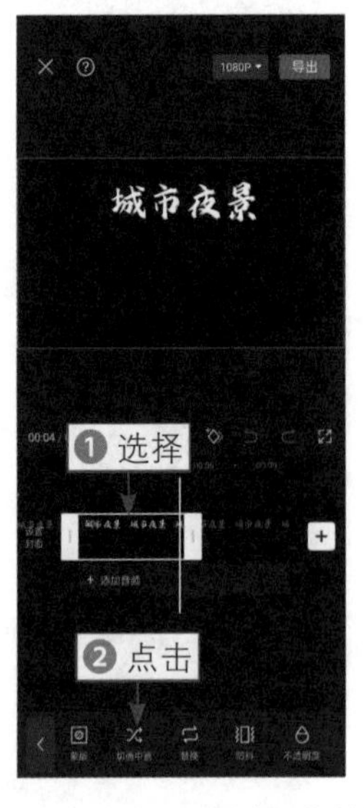

图 4-84　点击“切画中画”按钮

图 4-85　点击“蒙版”按钮

步骤 11 ❶选择“镜面”蒙版；❷调整蒙版的形状和位置，如图4-86所示。

步骤 12 ❶ 拖曳时间线至视频第 3s 的位置；❷ 调整蒙版的位置，如图 4-87 所示。

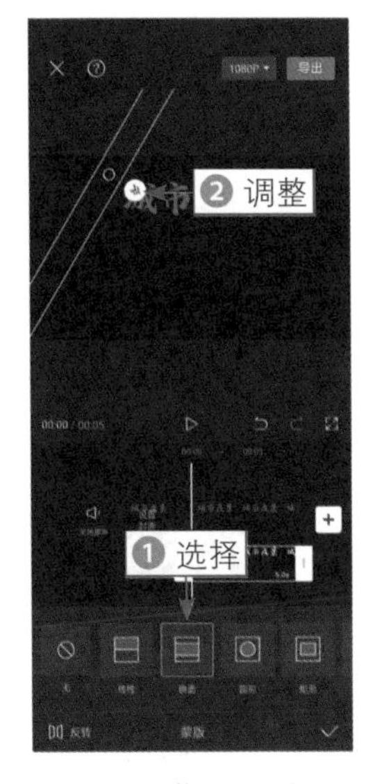

图 4-86　调整蒙版的形状和位置

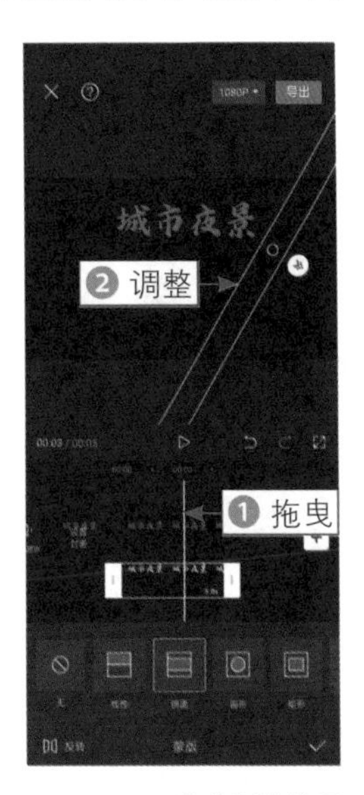

图 4-87　调整蒙版的位置

步骤 13 ❶拖曳时间线至视频末尾位置；❷调整蒙版的形状和位置，露出全部文字；❸点击“导出”按钮导出素材，如图4-88所示。

步骤 14 在剪映中导入背景视频，依次点击“画中画”按钮和“新增画中画”按钮，如图4-89所示。

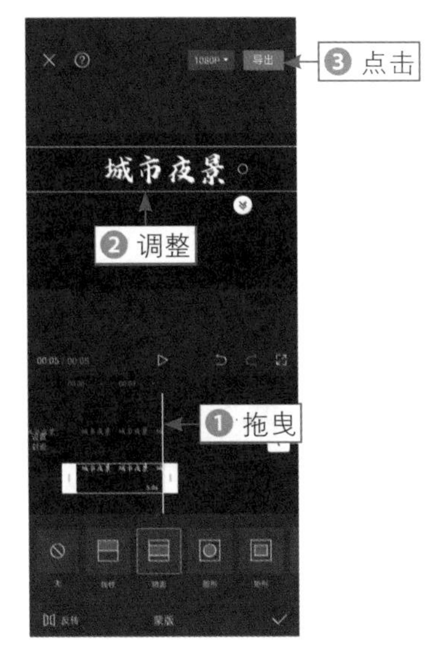

图 4-88　点击“导出”按钮（3）

图 4-89　点击“新增画中画”按钮

步骤15 ❶添加刚导出的文字素材，并调整其在画面中的大小；❷点击“混合模式”按钮，如图4-90所示。

步骤16 在弹出的“混合模式”面板中，选择“滤色”选项，如图4-91所示。

步骤17 调整视频时长与文字时长一致，如图4-92所示，最后导出视频即可。

图4-90 点击“混合模式”按钮

图4-91 选择“滤色”选项

图4-92 调整视频时长

4.3.4 片头字幕

扫码看教学视频

扫码看案例效果

【效果展示】：在剪映中通过“色度抠图”功能和为文字添加动画效果，就能制作出双色片头字幕，效果非常具有影视感，如图4-93所示。

图4-93 效果展示

下面介绍在剪映App中为视频添加片头字幕的具体操作。

步骤01 在剪映App的“素材库”界面中，❶在“热门”选项卡中选择透明视频素材；❷选中“高清”复选框；❸点击“添加”按钮，如图4-94所示。

步骤02 依次点击“背景”按钮和“画布颜色”按钮，如图4-95所示。

图 4-94　点击“添加”按钮

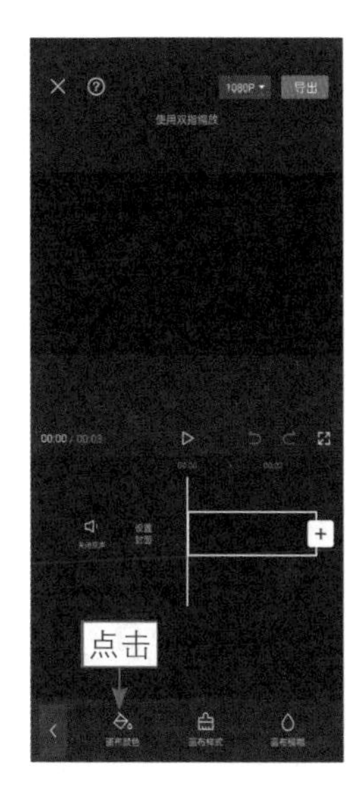

图 4-95　点击“画布颜色”按钮

步骤03 在弹出的“画布颜色”面板中，选择绿色色块，如图4-96所示，方便后期抠图。

步骤04 返回一级工具栏，依次点击“文字”按钮和“新建文本”按钮，如图4-97所示。

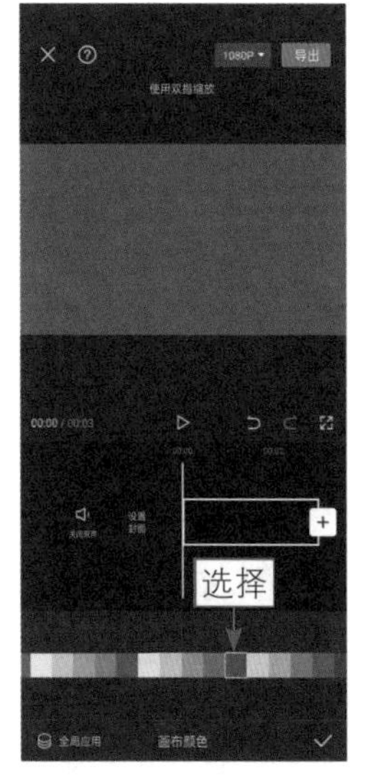

图 4-96　选择绿色色块

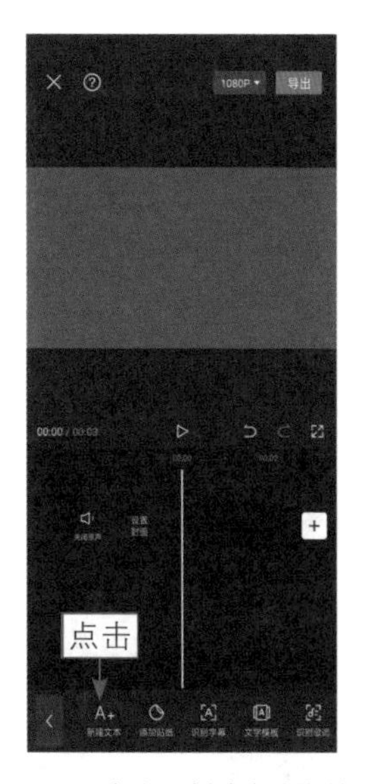

图 4-97　点击“新建文本”按钮

步骤05 ❶添加文字；❷适当调整文字大小；❸在“字体”选项卡中选择合适的字体，如图4-98所示。

步骤06 执行操作后，点击“导出”按钮，如图4-99所示，导出并保存视频。

图 4-98　选择合适的字体

图 4-99　点击“导出”按钮（1）

步骤07 回到编辑界面，更改文字的颜色后，点击“导出”按钮，如图4-100所示，导出并保存视频。

步骤08 在剪映中导入背景视频，依次点击“画中画”按钮和“新增画中画”按钮，如图4-101所示。

图 4-100　点击“导出”按钮（2）

图 4-101　点击“新增画中画”按钮

步骤 09 添加红字素材后，❶调整画面大小；❷依次点击“抠像”按钮和“色度抠图”按钮，如图4-102所示。

步骤 10 拖曳取色器，对绿色进行取样，如图4-103所示。

图 4-102　点击“色度抠图”按钮

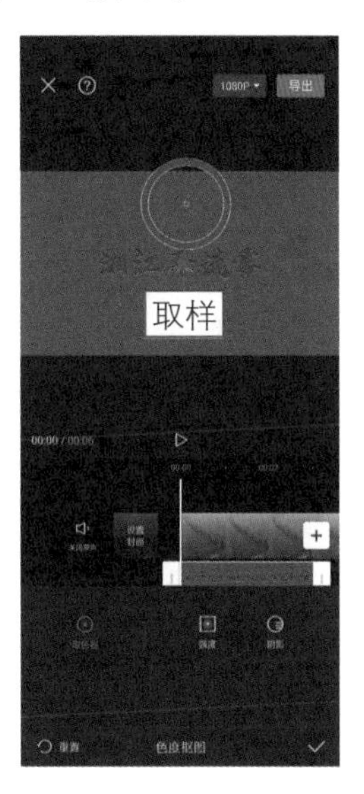

图 4-103　对绿色进行取样

步骤 11 设置“强度”参数值为10、“阴影”参数值为10，如图4-104所示。

步骤 12 用与上面相同的方法，添加白色文字素材，利用“色度抠图”功能抠出文字，并调整白色文字素材的位置，如图4-105所示，制作出立体文字效果。

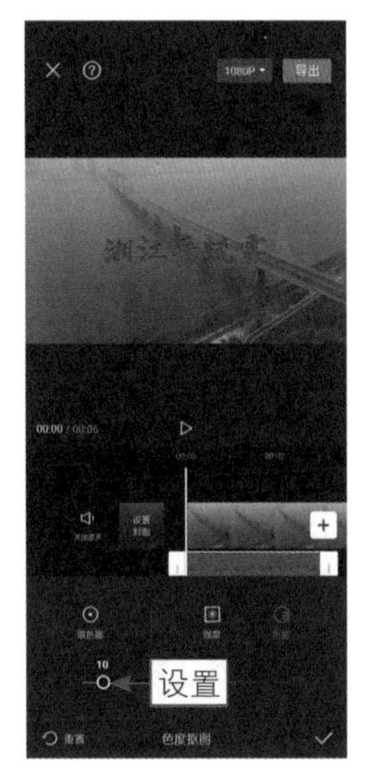

图 4-104　设置“强度”和“阴影”参数

图 4-105　调整白色文字素材的位置

步骤 13 ❶选择红色文字素材；❷点击“动画”按钮，如图4-106所示。

步骤 14 在“入场动画”选项卡中，❶选择“向左滑动”动画；❷设置动画时长为1.5s，如图4-107所示。

图 4-106　点击“动画”按钮

图 4-107　设置动画时长（1）

步骤 15 用与上面相同的方法，为白色文字素材设置“向右滑动”入场动画，并设置动画时长为1.5s，如图4-108所示。

步骤 16 调整背景视频的时长，使其与文字素材时长一致，如图4-109所示。

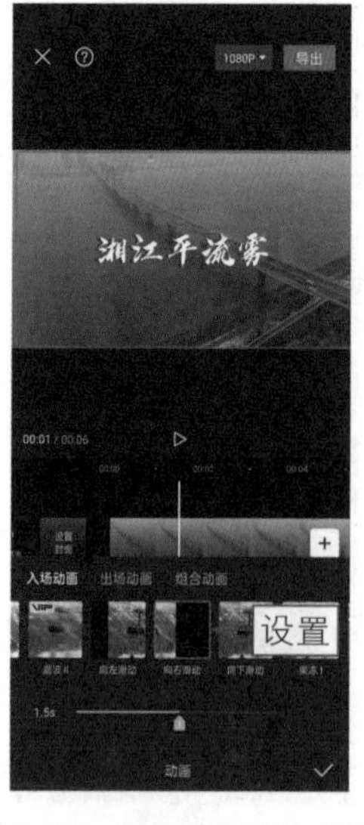

图 4-108　设置动画时长（2）

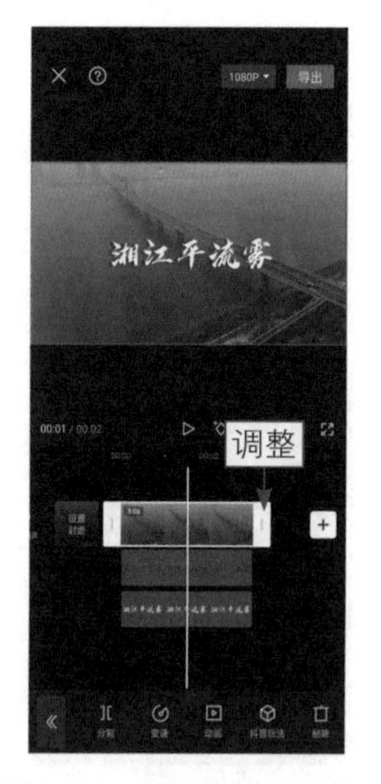

图 4-109　调整背景视频时长

4.3.5　个性字幕

扫码看教学视频

扫码看案例效果

【效果展示】：在剪映中，通过添加个性化的贴纸就能做出专属水印特效，而且不会撞风格，个性极强，效果如图4-110所示。

图 4-110　效果展示

下面介绍在剪映App中为视频添加个性字幕的具体操作。

步骤 01 在素材库中选择一段透明素材添加到剪映中，依次点击“背景”按钮和“画布颜色”按钮，如图4-111所示。

步骤 02 在“画布颜色”面板中，选择蓝色色块，如图4-112所示。

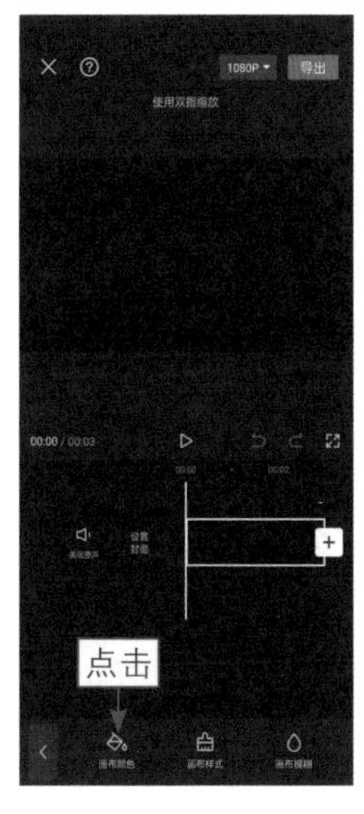

图 4-111　点击“画布颜色”按钮

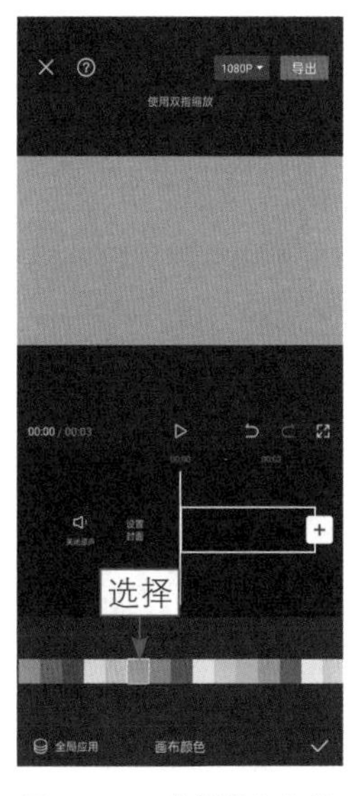

图 4-112　选择蓝色色块

步骤 03 返回一级工具栏，点击“比例”按钮，如图4-113所示。

步骤 04 在弹出的“比例”面板中，选择1∶1选项，如图4-114所示。

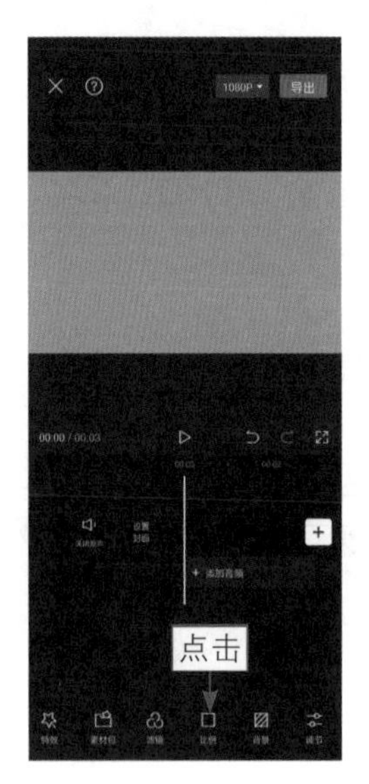

图 4-113 点击“比例”按钮

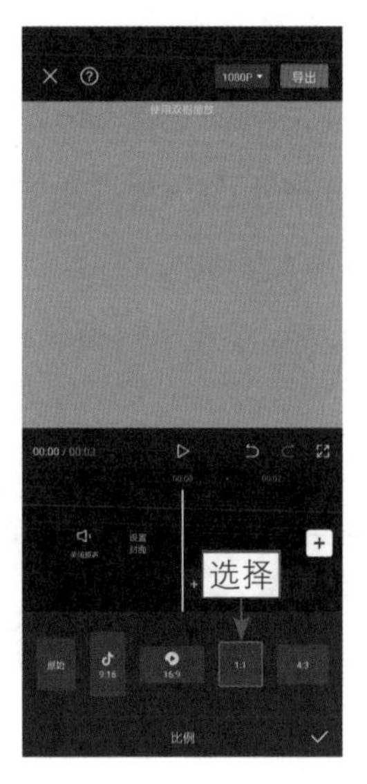

图 4-114 选择 1 ∶ 1 选项

步骤 05 在工具栏中依次点击“文字”按钮和“新建文本”按钮，❶添加文字；❷在“样式”选项卡中，设置“字号”参数值为50，如图4-115所示。

步骤 06 在“字体”选项卡中选择合适的字体，如图4-116所示。

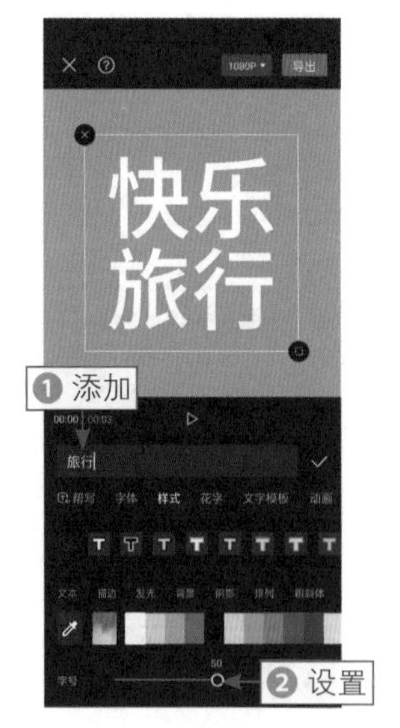

图 4-115 设置“字号”参数

图 4-116 选择合适的字体

步骤 07 ❶切换至“动画”选项卡；❷在“循环”选项区中选择“晃动”动画，如图4-117所示。

步骤 08 返回上一级工具栏，❶拖曳时间线至视频起始位置；❷点击“添加贴纸”按钮，如图4-118所示。

图 4-117　选择“晃动”动画

图 4-118　点击“添加贴纸”按钮

步骤 09 ❶在“指示”选项卡中选择一款贴纸；❷调整贴纸的大小，如图4-119所示，最后导出并保存视频。

步骤 10 在剪映中导入背景视频，依次点击“画中画”按钮和“新增画中画”按钮，如图4-120所示。

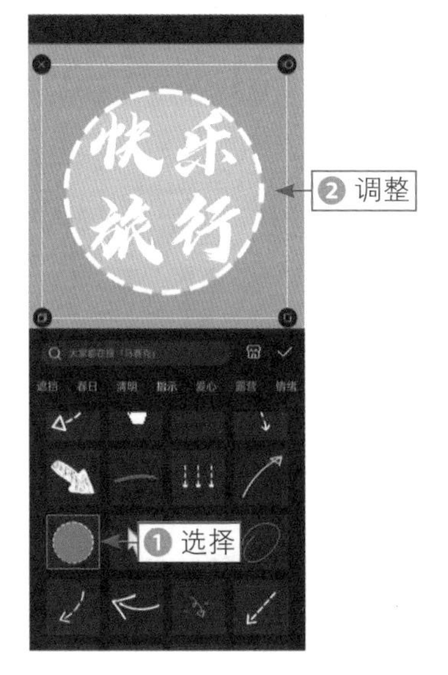

图 4-119　调整贴纸大小

图 4-120　点击“新增画中画”按钮

步骤 11 ❶添加文字素材；❷依次点击“抠像”和“色度抠图”按钮，如图4-121所示。

步骤 12 拖曳取色器，对蓝色进行取样，如图4-122所示。

图 4-121　点击“色度抠图”按钮

图 4-122　对蓝色进行取样

步骤 13 设置“强度”参数值为30，如图4-123所示，抠出文字。

步骤 14 在文字素材的起始位置，点击◇按钮添加关键帧，如图4-124所示。

图 4-123　设置“强度”参数

图 4-124　添加关键帧

步骤 15 拖曳时间线至文字素材末尾，❶调整文字的大小和位置，使其处于画面右下角；❷点击“定格”按钮，如图4-125所示。

步骤 16 ❶调整定格素材的时长；❷点击“动画”按钮，如图4-126所示。

图 4-125　点击“定格”按钮

图 4-126　点击“动画”按钮

步骤 17 ❶切换至“组合动画”选项卡；❷选择“方片转动”动画；❸设置动画时长为0.6s，如图4-127所示。

步骤 18 点击“导出”按钮，如图4-128所示，即可导出并保存视频。

图 4-127　设置动画时长

图 4-128　点击“导出”按钮

本章小结

本章主要介绍了添加字幕的方法。首先介绍了添加基础文字效果的方法，然后介绍了添加花字、贴纸和制作精彩文字特效的方法。学完本章后，大家可以灵活运用学到的技法，在自己的视频作品中制作精美的字幕效果。

课后习题

扫码看教学视频

扫码看案例效果

鉴于本章知识的重要性，为了帮助读者更好地掌握所学知识，本节将通过课后习题，帮助读者进行简单的知识回顾和补充。

本章习题需要大家学会在剪映App中使用“文本朗读”功能，将视频中的文字内容转化为语音，提升观众的观看体验，效果如图4-129所示。

图 4-129　效果展示

第 5 章

灵活使用蒙版、关键帧

不同的蒙版样式能呈现不同的视觉效果，是制作视频经常使用的功能。此外，常见的“关键帧”和“抠图”也是必不可少的功能，用户可以利用这些功能制作有趣的视频。本章将用精选的案例来为家介绍这些功能的用法。

5.1 灵活使用蒙版

蒙版是剪辑高级视频效果的必备功能。在剪映App中，无论是电脑版，还是手机版，其“蒙版”功能都足以支撑用户剪辑出一些精美的视频效果。

5.1.1 蒙版渐变

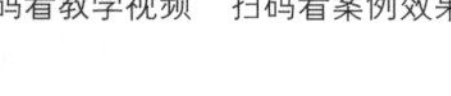

【效果展示】：本例用到的蒙版形状是圆形的，因此渐变的范围也是由小圆形慢慢放大的，达到从内到外颜色渐变的效果，由黑白色变成彩色，如图5-1所示。

图 5-1 效果展示

下面介绍在剪映App中制作蒙版渐变视频的具体操作。

步骤 01 在剪映App中导入一段视频素材，❶选择素材；❷点击“复制”按钮，如图5-2所示，即可复制素材。

步骤 02 ❶选择第1段素材；❷点击“切画中画”按钮，如图5-3所示，把素材切换至画中画轨道中。

图 5-2　点击“复制”按钮

图 5-3　点击“切画中画”按钮

步骤 03 ❶选择视频轨道中的素材；❷点击“滤镜”按钮，如图5-4所示。

步骤 04 进入“滤镜”选项卡，在“黑白”选项区中选择“默片”滤镜，如图5-5所示。

图 5-4　点击“滤镜”按钮

图 5-5　选择“默片”滤镜

步骤 05 ❶选择画中画轨道中的素材；❷在起始位置点击按钮添加关键帧；❸点击“蒙版”按钮，如图5-6所示。

步骤 06 ❶选择“圆形”蒙版；❷调整蒙版的形状至最小；❸拖曳按钮羽化边缘，如图5-7所示。

图 5-6　点击“蒙版”按钮

图 5-7　拖曳相应的按钮

步骤 07 ❶拖曳时间线至视频末尾；❷放大蒙版，露出全部画面，如图5-8所示。

步骤 08 执行操作后，点击“导出”按钮，如图5-9所示，即可导出视频。

图 5-8　放大蒙版

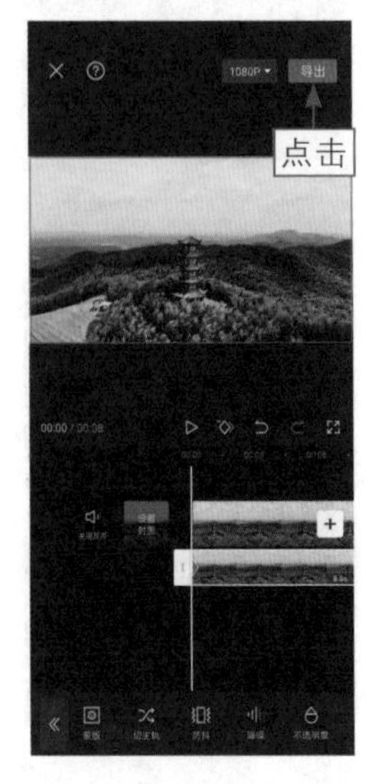

图 5-9　点击“导出”按钮

5.1.2　蒙版转场

扫码看教学视频

扫码看案例效果

【效果展示】：除了“圆形”蒙版，剪映App中还有“线性”蒙版。运用“线性”蒙版可以制作转场，实现画面无缝切换的效果，如图5-10所示。

图 5-10　效果展示

下面介绍在剪映App中通过蒙版制作画面无缝切换效果的具体操作。

步骤01 导入第1段视频，在第2s的位置点击“画中画”按钮，如图5-11所示。

步骤02 在二级工具栏中，点击“新增画中画”按钮，如图5-12所示。

图 5-11　点击“画中画”按钮

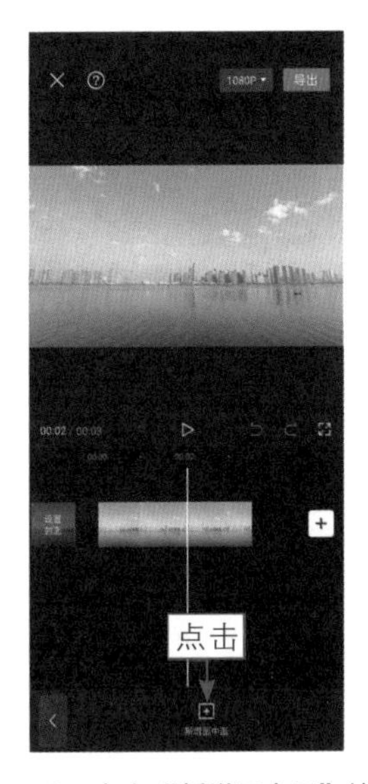

图 5-12　点击“新增画中画”按钮

步骤03 进入“照片视频”界面，在“视频”选项卡中，❶选择相应的视频；❷选中“高清”复选框；❸点击“添加”按钮，如图5-13所示，即可添加视频。

步骤04 在预览区中调整素材的画面大小，如图5-14所示。

图 5-13　点击“添加”按钮

图 5-14　调整素材的画面大小

步骤 05 在画中画轨道中素材的起始位置，❶点击◇按钮添加关键帧；❷点击“蒙版”按钮，如图5-15所示。

步骤 06 ❶选择“线性”蒙版；❷调整蒙版线的角度和位置，使其处于画面最右边；❸拖曳≫按钮羽化边缘，如图5-16所示。

图 5-15　点击“蒙版”按钮

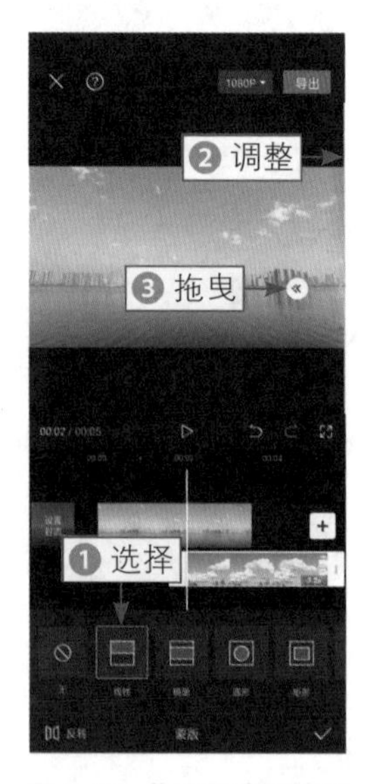

图 5-16　拖曳相应的按钮

步骤 07 ❶拖曳时间线至视频末尾；❷调整蒙版线的位置，如图5-17所示，使其处于画面最左边。

步骤 08 为视频添加合适的背景音乐，如图5-18所示。

图 5-17　调整蒙版线的位置

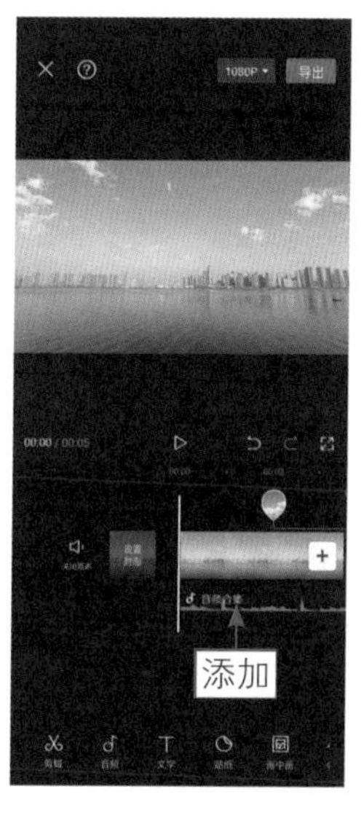

图 5-18　添加背景音乐

5.1.3　蒙版分身

扫码看教学视频

扫码看案例效果

【效果展示】：对于在同一场景拍摄的不同位置的视频，可以运用“蒙版”功能将视频合成在一起，实现分身的效果，如图5-19所示。

图 5-19　效果展示

下面介绍在剪映App中利用蒙版制作分身效果的具体操作。

步骤 01 在剪映App中导入两段视频素材，❶选择第1段素材；❷点击“切画中画”按钮，如图5-20所示。

步骤 02 把素材切换至画中画轨道中之后，❶调整素材时长与第1段素材时长一致；❷点击“蒙版”按钮，如图5-21所示。

图 5-20　点击“切画中画”按钮

图 5-21　点击“蒙版”按钮

步骤 03 ❶选择“线性”蒙版；❷调整蒙版线的角度和位置，如图5-22所示。

步骤 04 返回一级工具栏，在视频素材的起始位置依次点击“特效”|“画面特效”按钮，如图5-23所示。

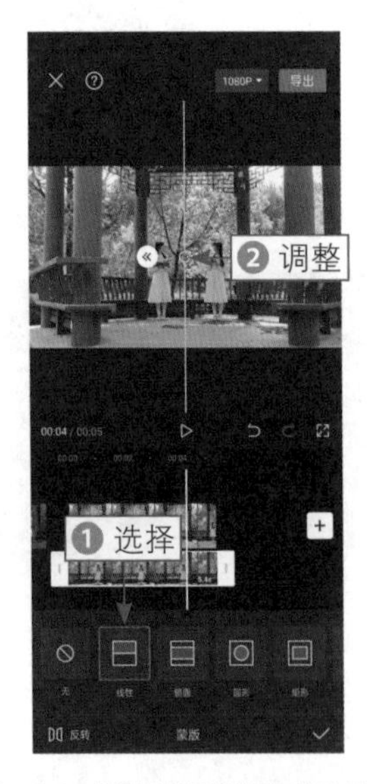

图 5-22　调整蒙版线的角度和位置

图 5-23　点击“画面特效”按钮

步骤 05 ❶切换至“金粉”选项卡；❷选择“金粉”特效，如图5-24所示。

步骤 06 执行操作后，❶调整特效的时长与素材时长一致；❷点击“作用对象”按钮，如图5-25所示。

图 5-24　选择“金粉”特效

图 5-25　点击“作用对象”按钮

步骤 07 在弹出的“作用对象”面板中，点击“全局”按钮，如图5-26所示，即可全局应用特效。

步骤 08 最后为视频添加合适的背景音乐，点击“导出”按钮，如图5-27所示，即可导出并保存视频。

图 5-26　点击“全局”按钮

图 5-27　点击“导出”按钮

5.2 灵活使用关键帧

关键帧可以理解为运动的起始点或者转折点，通常制作一个动画最少需要两个关键帧才能完成，第1个关键帧的参数会根据播放进度，慢慢变为第2个关键帧的相关参数，从而形成运动效果。

5.2.1 滚动字幕

扫码看教学视频

扫码看案例效果

【效果展示】：滚动字幕用到的最主要的功能就是"关键帧"功能，让字幕由下往上慢慢滚动显示，这种样式的字幕也经常被用在影视片尾中，如图5-28所示。

图 5-28 效果展示

下面介绍在剪映App中制作滚动字幕的具体操作。

步骤 01 在剪映App中导入一段视频素材，依次点击"文字"|"新建文本"按钮，如图5-29所示。

步骤 02 ❶输入谢幕文字；❷在预览区域适当调整文字的位置；❸在"字体"选项卡中选择合适的字体，如图5-30所示。

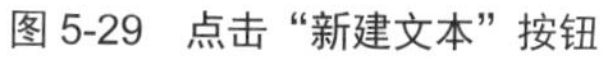
图 5-29　点击“新建文本”按钮

图 5-30　选择合适字体

步骤 03 ❶切换至“样式”选项卡；❷设置“字号”参数值为10，如图5-31所示，缩小文字。

步骤 04 调整文字的时长，使其与视频的时长一致，如图5-32所示。

图 5-31　设置“字号”参数

图 5-32　调整文字的时长

步骤 05 在文字的起始位置，❶点击◈按钮添加关键帧；❷调整文字的位置，如图5-33所示。

步骤 06 ❶拖曳时间线至文字末尾；❷调整文字的位置，如图5-34所示，最后导出视频即可。

图 5-33　调整文字的位置（1）

图 5-34　调整文字的位置（2）

5.2.2　滑屏Vlog

扫码看教学视频

扫码看案例效果

【效果展示】：滑屏Vlog适合用在多个场景具有相似性的视频中，将多个视频展示在同一个画面中，这个效果也很适合用在旅游视频中，如图5-35所示。

图 5-35　效果展示

下面介绍在剪映App中制作滑屏Vlog的具体操作。

步骤 01 在剪映App中导入一段视频素材，点击“比例”按钮，如图5-36所示。

步骤 02 在弹出的“比例”面板中选择9：16选项，如图5-37所示。

图 5-36　点击“比例”按钮（1）

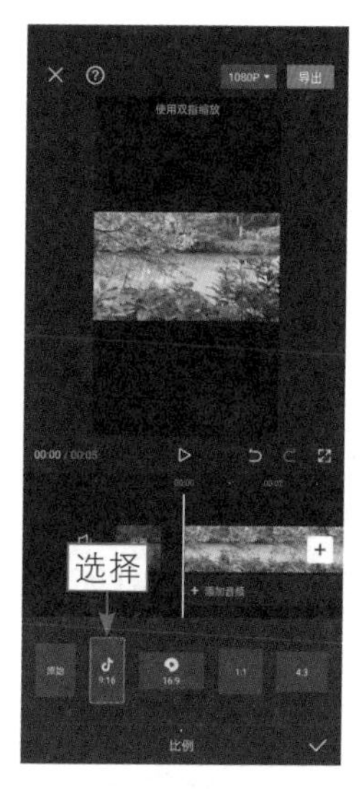

图 5-37　选择 9 ：16 选项

步骤 03 依次点击“背景”|“画布颜色”按钮，如图5-38所示。

步骤 04 在“画布颜色”面板中，选择淡蓝色色块，如图 5-39 所示，设置背景。

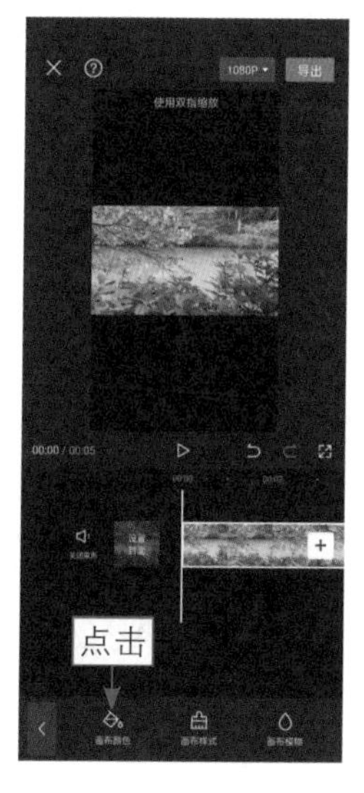

图 5-38　点击“画布颜色”按钮

图 5-39　选择淡蓝色色块

步骤05 返回一级工具栏，依次点击“画中画”|“新增画中画”按钮，如图5-40所示。

步骤06 进入“照片视频”界面，在“视频”选项卡中，❶选择相应的视频；❷选中“高清”复选框；❸点击“添加”按钮，如图5-41所示，添加第2段视频素材。

图 5-40　点击“新增画中画”按钮

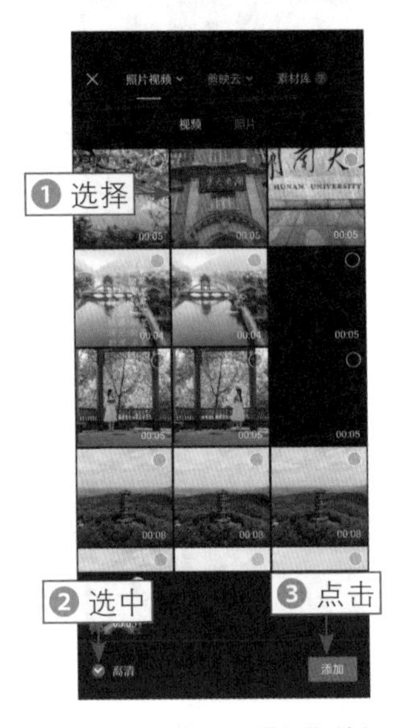

图 5-41　点击“添加”按钮

步骤07 依次点击“变速”按钮和“常规变速”按钮，如图5-42所示。

步骤08 设置“变速”参数为0.9x，并将素材时长调整为与视频时长一致，如图5-43所示。

步骤09 用同样的方法，在画中画轨道中添加第3段素材，并同样进行“常规变速”和调整时长处理，如图5-44所示。

步骤10 ❶调整3段素材在画面中的位置；❷点击“导出”按钮，如图5-45所示，导出素材。

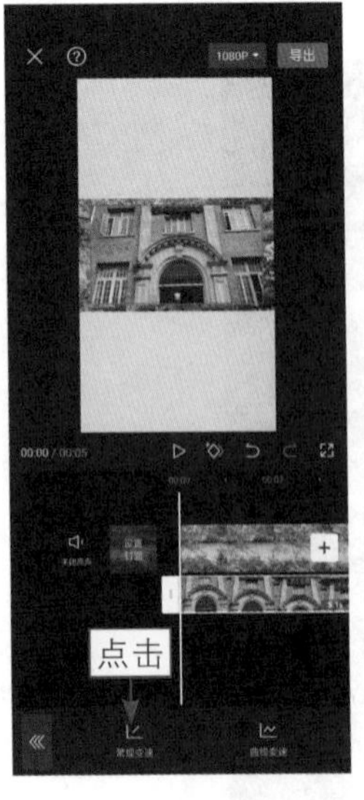

图 5-42　点击“常规变速”按钮

图 5-43　调整素材时长（1）

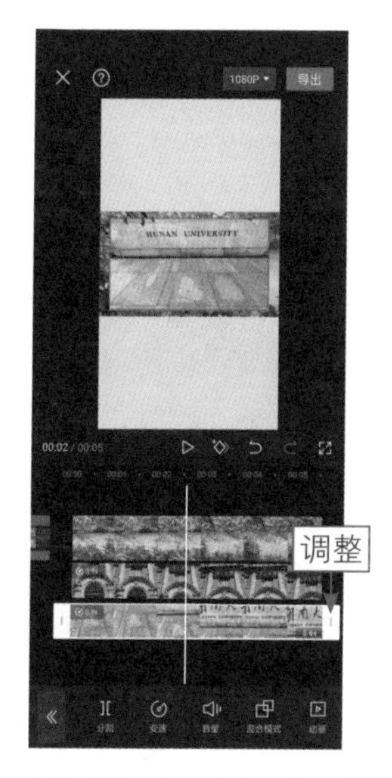

图 5-44　调整素材时长（2）

图 5-45　点击“导出”按钮

步骤 11 在剪映中导入刚才导出的素材，点击“比例”按钮，如图5-46所示。

步骤 12 在弹出的“比例”面板中选择16：9选项，如图5-47所示。

图 5-46　点击“比例”按钮（2）

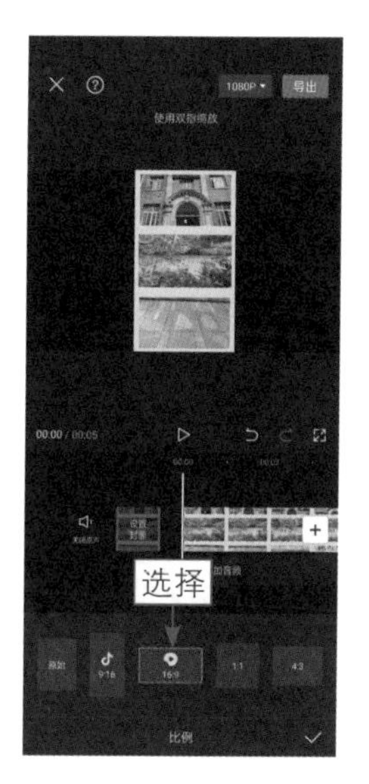

图 5-47　选择 16 ：9 选项

步骤 13 ❶在视频起始位置点击◇按钮添加关键帧；❷调整素材的画面大小和位置，使画面最上方的位置为视频起始画面，如图5-48所示。

步骤 14 ❶拖曳时间线至视频末尾；❷调整素材的位置，使画面的最下方位置为视频末尾画面，如图5-49所示，最后为视频添加合适的背景音乐，即可导出并保存视频。

图 5-48　调整素材画面大小和位置

图 5-49　调整素材的位置

5.3　灵活使用抠图

抠图是常用的处理图片或影像的方式，具体是指将图片或影像中的某一部分分离出来，然后保存为单独的图层。这些单独的图层可以与另一图层组合为新的图层，帮助用户实现那些在现实中难以企及的想法，例如实现想象中的上天入地、跨越时空、翱翔外太空等。

5.3.1　色度抠图

【效果展示】：利用“色度抠图”功能可以去除绿幕素材中的绿色，将视频素材显示出来，这样就能将视频素材运用在不同的场景中，例如将播放视频的手机屏幕逐渐放大到全屏，效果如图5-50所示。

扫码看教学视频　扫码看案例效果

图 5-50　效果展示

下面介绍在剪映App中使用“色度抠图”功能制作视频的具体操作。

步骤 01 在剪映中导入视频素材和绿幕素材，❶选择绿幕素材；❷在二级工具栏中点击“切画中画”按钮，如图5-51所示。

步骤 02 按住绿幕素材并将其拖曳至相应位置，如图5-52所示，使其与视频素材的起始位置对齐。

步骤 03 ❶选择绿幕素材；❷点击“抠像”|“色度抠图”按钮，如图5-53所示。

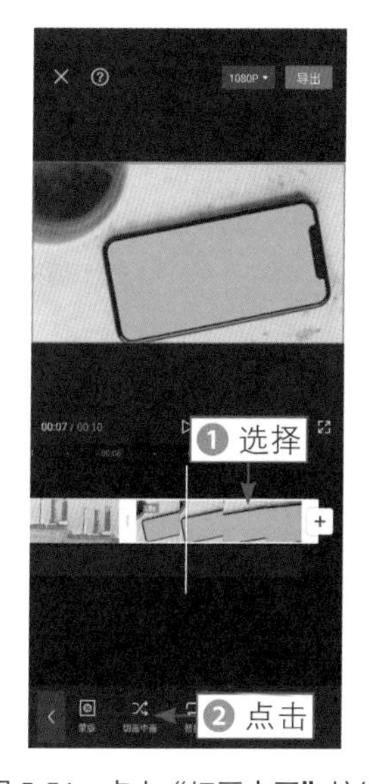

图 5-51　点击“切画中画”按钮

图 5-52　拖曳至相应位置

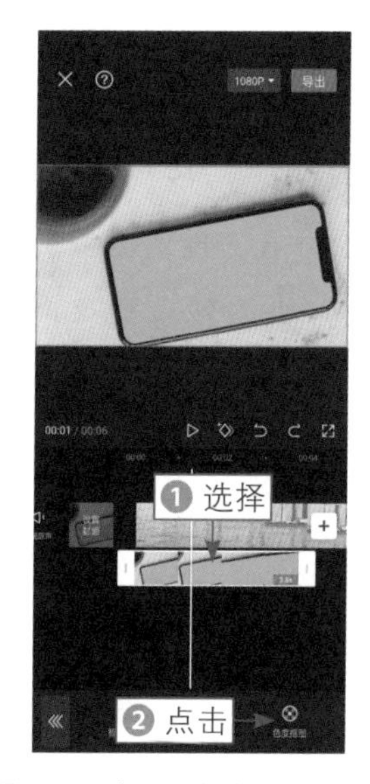

图 5-53　点击“色度抠图”按钮

步骤 04 在预览区域拖曳取色器，如图5-54所示，对画面中的绿色进行取样。

步骤 05 ❶选择“强度”选项；❷拖曳滑块，设置其参数值为100，如图5-55所示。

步骤 06 ❶选择“阴影”选项；❷拖曳滑块，设置其参数值为100，如图5-56所示。

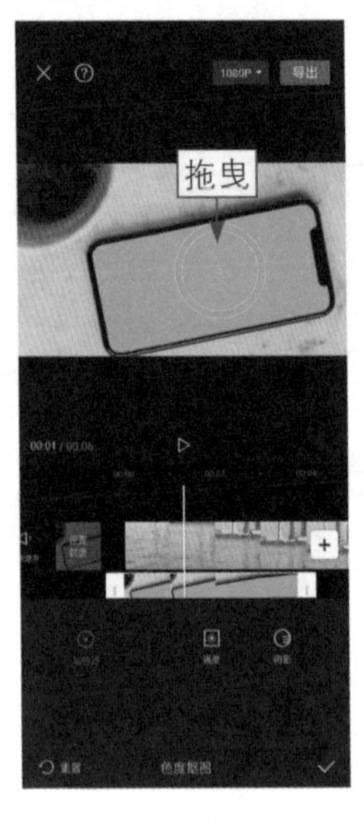

图 5-54　拖曳取色器

图 5-55　设置“强度”参数

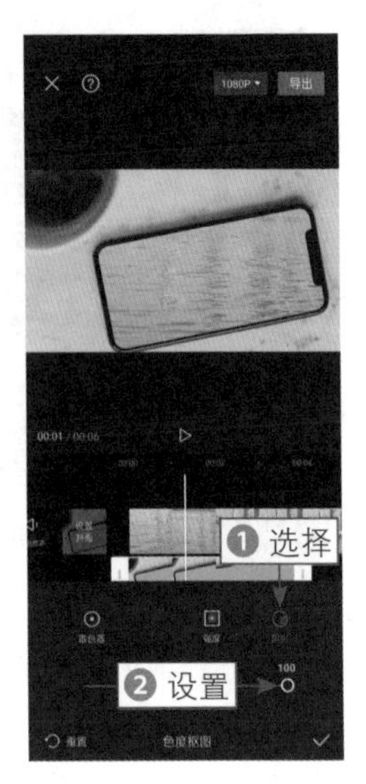

图 5-56　设置“阴影”参数

5.3.2　智能抠像

【效果展示】：在剪映中运用“智能抠像”功能将人像抠出来，就能制作出新颖酷炫的人物出框效果。比如，原本人物在边框内，伴随着炸开的星火出现在相框之外，非常新奇有趣，效果如图5-57所示。

扫码看教学视频

扫码看案例效果

图 5-57　效果展示

下面介绍在剪映App中使用“智能抠图”功能制作视频的具体操作。

步骤 01 在剪映App中导入第1张照片素材，将素材的时长调整为4.0s，如

图5-58所示。

步骤 02 返回一级工具栏，依次点击“特效”按钮和“画面特效”按钮，如图5-59所示。

图 5-58　调整素材的时长

图 5-59　点击“画面特效”按钮

步骤 03 在特效素材库的“边框”选项卡中，选择“原相机”特效，如图5-60所示，并调整特效的持续时长与素材时长一致。

步骤 04 在工具栏中点击“作用对象”按钮，在弹出的“作用对象”面板中，点击“全局”按钮，如图5-61所示。

步骤 05 ❶在预览区域中调整素材在画面中的位置；❷点击“导出”按钮，如图5-62所示，将视频导出备用。

步骤 06 返回视频编辑界面，❶选择照片素材；❷点击“替换”按钮，如图5-63所示，在“照片视频”界面中选择第2张照片素材，即可完成素材的替换。

图 5-60　选择“原相机”特效

图 5-61　点击“全局”按钮（1）

图 5-62　点击“导出”按钮（1）

图 5-63　点击“替换”按钮

步骤 07 ❶调整画面大小；❷点击“导出”按钮，如图5-64所示，导出第2个视频备用。

步骤 08 新建一个草稿文件，❶在视频轨道中导入之前导出的两段视频素材，在画中画轨道的适当位置导入与视频对应的照片素材；❷在预览区域中调整照片素材的位置，如图5-65所示。

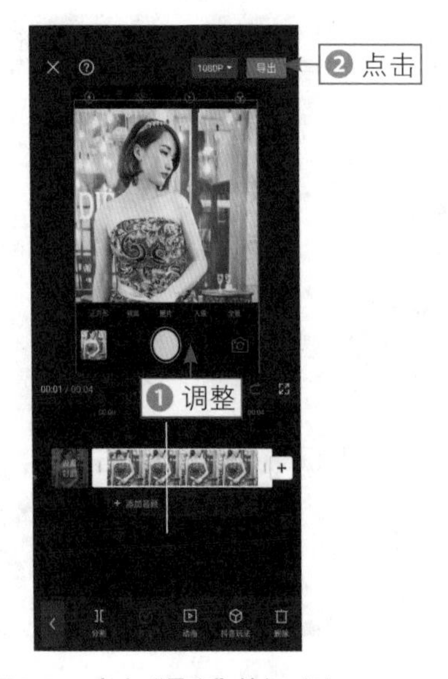

图 5-64　点击“导出”按钮（2）

图 5-65　调整照片素材的位置

步骤 09 选择第1张照片素材，依次点击“抠像”按钮和“智能抠像”按钮，如图5-66所示，抠出人像。

步骤 10 返回一级工具栏，点击“比例”按钮，在“比例”面板中选择9：16选项，如图5-67所示。

图 5-66　点击“智能抠像”按钮

图 5-67　选择 9 ：16 选项

步骤 11 执行操作后，在预览区域调整视频素材和照片素材的位置与大小，如图5-68所示。

步骤 12 用与上面相同的方法，抠出第2张照片素材的人像，并在预览区域调整视频和照片的位置与大小，如图5-69所示。

步骤 13 拖曳时间线至视频起始位置，为视频添加“氛围”选项卡中的“关月亮”特效和“星火炸开”特效，调整两段特效的位置和时长，如图5-70所示。

步骤 14 选择“星火炸开”特效，在工具栏中点击“作用对象”

图 5-68　调整素材的位置与大小（1）

图 5-69　调整素材的位置与大小（2）

按钮，在弹出的“作用对象”面板中点击“全局”按钮，如图5-71所示。

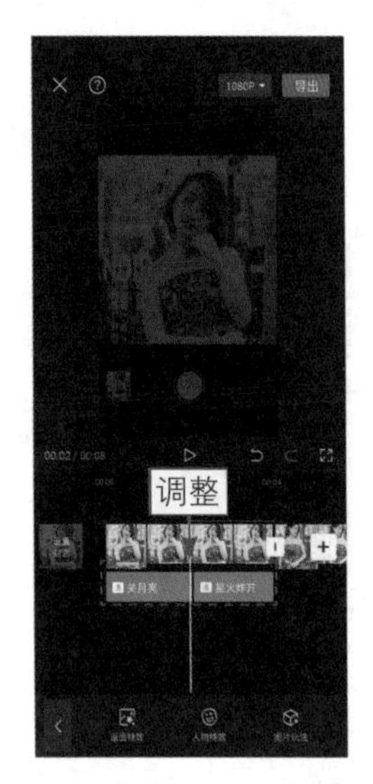

图 5-70　调整两段特效的位置和时长

图 5-71　点击“全局”按钮（2）

步骤 15 用与上面相同的方法，为第2段素材添加“关月亮”特效和“星火炸开”特效，调整两段特效的位置和时长，并更改“星火炸开”特效的作用对象，如图5-72所示。

步骤 16 选择画中画轨道中的第1张照片，点击“动画”按钮，❶在“入场动画”选项卡中选择“向左滑动”动画；❷设置动画时长为1.0s，如图5-73所示。

图 5-72　更改“星火炸开”特效的作用对象

图 5-73　设置动画时长（1）

步骤 17 用同样的方法，为画中画轨道中的第2张照片素材添加“向左滑动”入场动画，并设置动画时长为1.0s，如图5-74所示。

步骤 18 为视频添加合适的背景音乐，如图5-75所示。

图 5-74　设置动画时长（2）

图 5-75　添加合适的背景音乐

本章小结

本章主要介绍了在视频中灵活使用蒙版、关键帧和抠图功能的方法。首先介绍了在视频中灵活使用蒙版的方法，通过蒙版功能可以实现蒙版渐变、蒙版转场及蒙版分身的效果。然后介绍了在视频中灵活使用关键帧和抠图功能的操作方法，可以通过这两个功能实现滚动字幕、出框效果等。通过本章的学习，读者可以将其熟练应用到自己的视频中。

课后习题

鉴于本章知识的重要性，为了帮助读者更好地掌握所学知识，本节将通过上机习题，帮助读者进行简单的知识回顾和补充。

扫码看教学视频

扫码看案例效果

本章习题需要大家学会在剪映App中运用“智能抠图”功能制作更换背景的视频，效果如图5-76所示。

图 5-76　效果展示

第 6 章

巧妙添加特效

在短视频平台上，经常可以刷到很多特效视频，画面炫酷又神奇，非常受大众的喜爱，轻轻松松就能收获百万点赞。本章将介绍多种特效的制作技巧，帮助用户轻松制作特效视频。

6.1 添加特效

剪映App的功能非常全面，在剪映App中可以为视频添加各种特效，打造精彩的爆款短视频。本节将为大家介绍如何为视频添加“开幕Ⅱ”特效和“下雨”特效。

6.1.1 开幕特效

扫码看教学视频

扫码看案例效果

【效果展示】：剪映App的“基础”特效选项卡中有很多开幕特效，运用电影开幕特效可以制作电影感片头，效果如图6-1所示。

图 6-1 效果展示

下面介绍在剪映App中为视频添加开幕特效的具体操作。

步骤 01 在剪映App中导入素材，点击“特效”按钮，如图6-2所示。

步骤 02 在工具栏中点击“画面特效”按钮，如图6-3所示。

图 6-2　点击"特效"按钮

图 6-3　点击"画面特效"按钮

步骤 03 ❶切换至"基础"选项卡；❷选择"开幕Ⅱ"特效，如图6-4所示。

步骤 04 在"开幕Ⅱ"特效的末尾依次点击"文字"按钮和"新建文本"按钮，如图6-5所示。

图 6-4　选择"开幕Ⅱ"特效

图 6-5　点击"新建文本"按钮

步骤 05 ❶输入文字内容；❷在"字体"选项卡中选择合适的字体，如图6-6所示。

步骤 06 调整文字的时长，使其末端与视频的末尾位置对齐，如图6-7所示。

图 6-6　选择合适的字体

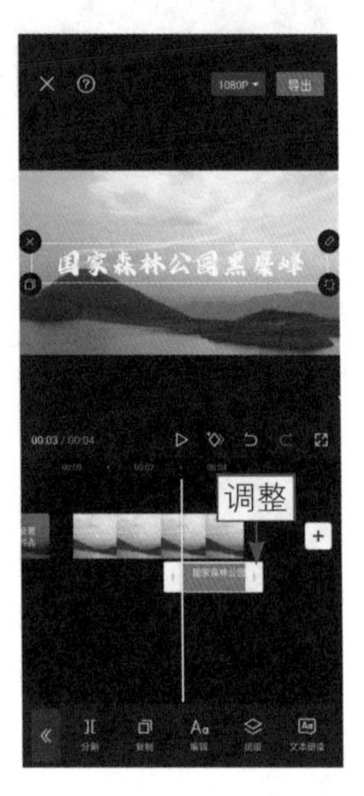

图 6-7　调整文字的时长

6.1.2　下雨特效

【效果展示】：剪映App的“自然”特效选项卡中有丰富的特效，比如雨、雾以及花特效等。用户可以在视频中添加“下雨”特效，让画面呈现出下雨时的景色，效果如图6-8所示。

图 6-8　效果展示

下面介绍在剪映App中为视频添加“下雨”特效的具体操作。

步骤 01 在剪映App中导入素材，点击“特效”按钮，如图6-9所示。

步骤 02 在工具栏中点击“画面特效”按钮，如图6-10所示。

图 6-9　点击“特效”按钮

图 6-10　点击“画面特效”按钮

步骤 03 ❶切换至“自然”选项卡；❷选择“下雨”特效，如图6-11所示。

步骤 04 ❶调整“下雨”特效的时长，使其与视频时长一致；❷点击“调整参数”按钮，如图6-12所示。

图 6-11　选择“下雨”特效

图 6-12　点击“调整参数”按钮

步骤 05 设置“速度”参数值为20，如图6-13所示，让特效变化的速度变慢一些。

步骤 06 设置“不透明度”参数值为80，如图6-14所示，让雨水变得更清晰。

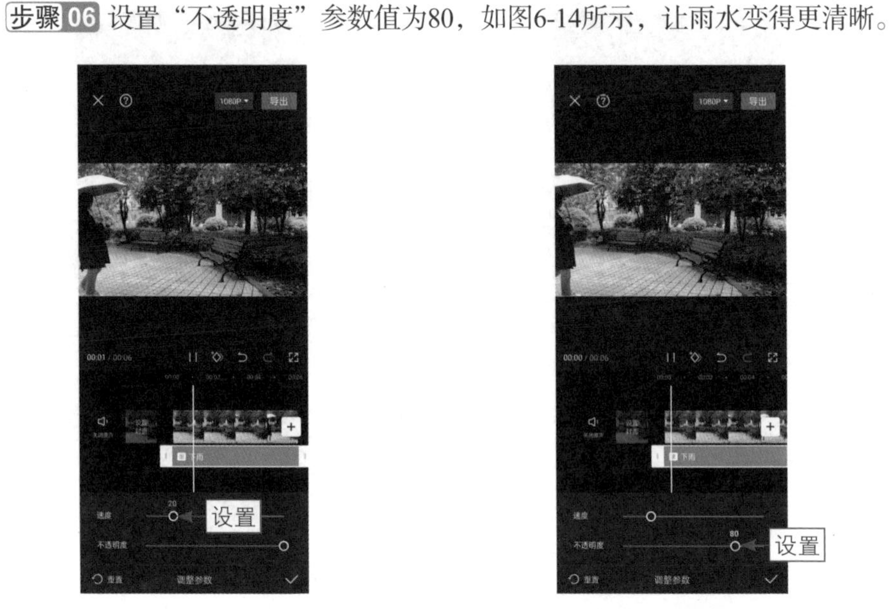

图 6-13　设置“速度”参数

图 6-14　设置“不透明度”参数

6.2　制作特效

剪映App的功能非常强大，用户除了可以添加剪映自带的特效，还可以制作特效，例如水墨转场特效、图片变动态视频和水印遮盖特效。

6.2.1　水墨转场特效

扫码看教学视频

扫码看案例效果

【效果展示】：在剪映App中，为多段古风图片添加“水墨”转场，可以制作出唯美的国风视频，效果如图6-15所示。

图 6-15　效果展示

下面介绍在剪映App中制作水墨转场特效视频的方法。

步骤 01 ❶在剪映App中导入3张图片素材；❷点击第1张图片和第2张图片中间的 ǀ 按钮，如图6-16所示。

步骤 02 执行操作后，进入“转场”面板，❶切换至“叠化”选项卡；❷选择“水墨”转场；❸拖曳滑块，调整转场时长为1.5s，如图6-17所示。

图 6-16　点击相应的按钮

图 6-17　调整转场时长

步骤 03 用与上面相同的方法，在第2张图片和第3张图片之间添加“水墨”转场，如图6-18所示。

步骤 04 最后添加合适的背景音乐，如图6-19所示。

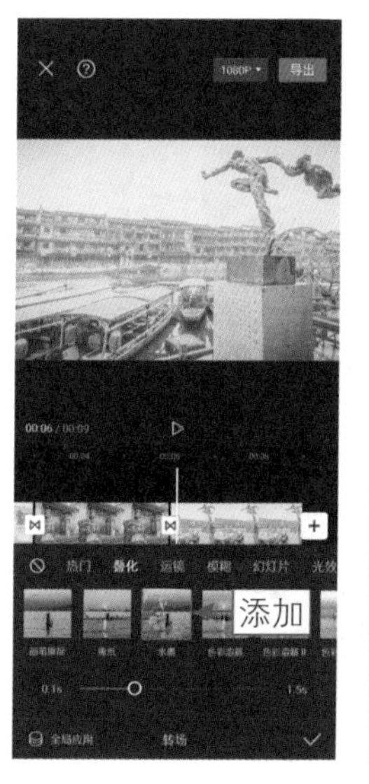

图 6-18　添加“水墨”转场

图 6-19　添加背景音乐

6.2.2 图片变动态视频

扫码看教学视频

扫码看案例效果

【效果展示】：在剪映中，运用关键帧功能可以将横版的全景图片变为动态的竖版视频，方法非常简单，效果如图6-20所示。

图 6-20 效果展示

下面介绍在剪映App中制作图片变成动态视频的操作。

步骤 01 在剪映App中导入全景图片，并调整其时长为15.0s，如图6-21所示。

步骤 02 在工具栏中，点击"比例"按钮，如图6-22所示。

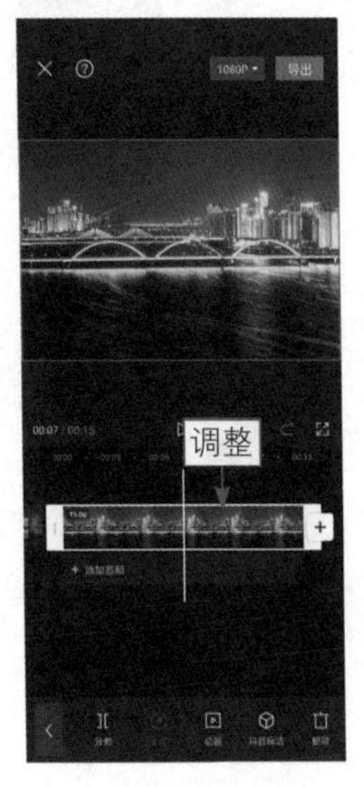

图 6-21 调整图片时长

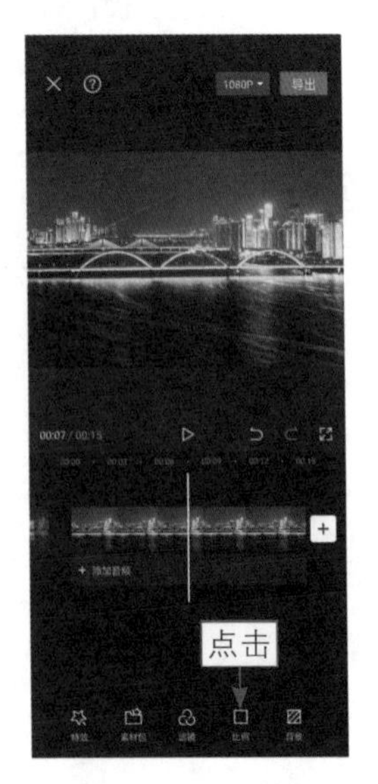

图 6-22 点击"比例"按钮

步骤 03 在弹出的“比例”面板中，选择9：16选项，如图6-23所示。

步骤 04 ❶选择素材；❷在视频起始位置点击◇按钮添加关键帧；❸调整图片的画面大小和位置，使图片的最左边为视频的起始，如图6-24所示。

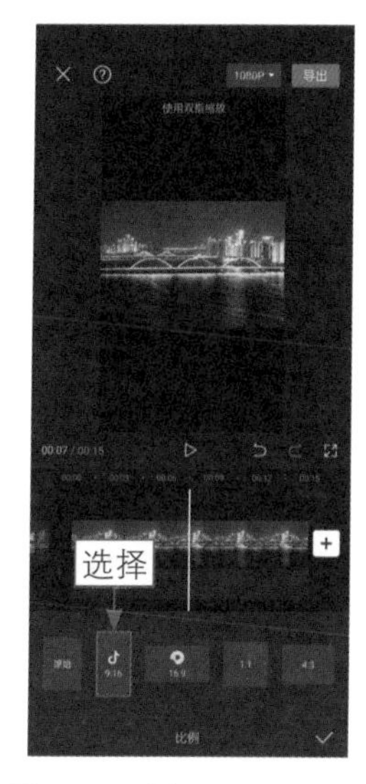

图 6-23　选择 9 ：16 选项

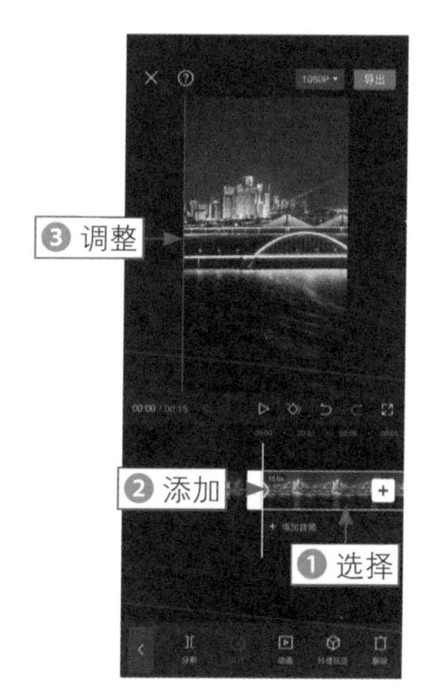

图 6-24　调整图片的大小和位置

步骤 05 ❶拖曳时间线至视频末尾；❷调整图片的位置，使图片的最右边为视频的末尾，如图6-25所示。

步骤 06 最后为视频添加合适的背景音乐，如图6-26所示。

图 6-25　调整图片的位置

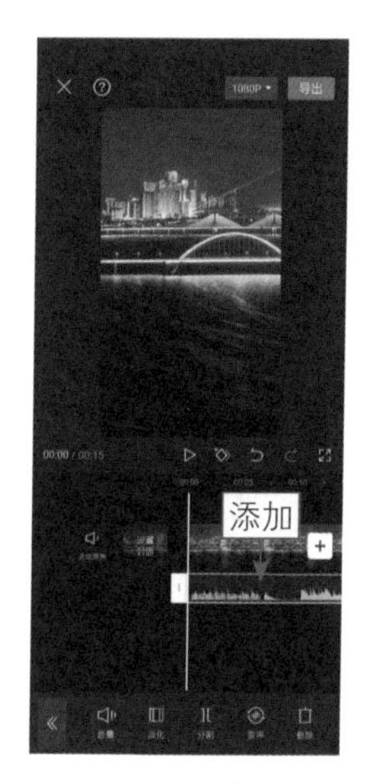

图 6-26　添加背景音乐

6.2.3 水印遮盖特效

扫码看教学视频

扫码看案例效果

【效果展示】：当要用来剪辑的视频中有水印时，可以通过剪映的“模糊”特效和“矩形”蒙版，遮挡视频中的水印，原图与效果图对比如图6-27所示。

图 6-27　原图与效果图对比展示

下面介绍在剪映App中制作水印遮盖特效视频的方法。

步骤 01 ❶在剪映App中导入水印视频素材；❷点击“特效”按钮和“画面特效”按钮，如图6-28所示。

步骤 02 在“基础”选项卡中，选择“模糊”特效，如图6-29所示。

图 6-28　点击“画面特效”按钮

图 6-29　选择“模糊”特效

步骤 03 调整特效时长与视频时长一致，如图6-30所示。

步骤 04 将视频导出后返回剪辑界面，点击“特效”按钮后，❶选择“模糊”特效；❷点击“删除”按钮，如图6-31所示。

图 6-30　调整特效时长

图 6-31　点击“删除”按钮

步骤 05 返回一级工具栏，依次点击“画中画”按钮和“新增画中画”按钮，❶将导出的模糊视频重新导入画中画轨道中；❷在预览窗口中，调整模糊视频的大小；❸点击“蒙版”按钮，如图6-32所示。

步骤 06 进入“蒙版”面板，❶选择“矩形”蒙版；❷在预览窗口中调整蒙版的位置、大小以及羽化程度，如图6-33所示。

图 6-32　点击“蒙版”按钮

图 6-33　调整蒙版的位置、大小和羽化程度

本章小结

本章主要向读者介绍了在剪映App中为视频添加特效和自制特效的方法。首先介绍了如何在视频中添加剪映自带的特效，比如“开幕Ⅱ”特效和“下雨”特效；然后介绍了3种制作特效的方法。通过对本章的学习，希望读者能够较好地使用剪映App对视频进行特效处理，制作出画面精彩的特效视频。

课后习题

鉴于本章知识的重要性，为了帮助读者更好地掌握所学知识，本节将通过课后习题，帮助读者进行简单的知识回顾和补充。

扫码看教学视频

扫码看案例效果

剪映的特效素材库中有多种闭幕特效供用户选择。例如，利用“闭幕”特效可以制作出闭幕片尾。本章习题需要大家学会在剪映App中制作闭幕片尾视频，效果如图6-34所示。

图 6-34　效果展示

第 7 章

专业修炼音频

音频是短视频中非常重要的元素，选择好的背景音乐，能够让你的作品不费吹灰之力就上热门。本章将介绍多种短视频背景音乐的添加方法和一些常见的音效、音频效果，帮助大家快速找到喜欢的音乐素材。

7.1 添加音频素材

剪映是一款能够轻松处理音频文件的工具，可以为视频添加多种多样的背景音乐，下面将介绍4种添加音乐的方法。

7.1.1 添加推荐的音乐

【效果展示】：由于剪映是专门为抖音用户研发的短视频剪辑软件，因此在音乐库中将抖音热门歌曲放到了前排，用户可以直接调用这些背景音乐，视频效果如图7-1所示。

扫码看教学视频

扫码看案例效果

图 7-1 视频效果展示

下面介绍在剪映App中为视频添加推荐音乐的方法。

步骤 01 在剪映App中导入视频素材，点击“音频”按钮，如图7-2所示。

步骤 02 执行操作后，点击“音乐”按钮，如图7-3所示。

图 7-2　点击“音频”按钮

图 7-3　点击“音乐”按钮

步骤 03 执行操作后，进入“添加音乐”界面，如图7-4所示。

步骤 04 在“推荐音乐”选项卡中，选择相应的背景音乐进行试听，之后点击右侧的“使用”按钮，如图7-5所示，即可将所选背景音乐添加到音频轨道中。

图 7-4　“添加音乐”界面

图 7-5　点击“使用”按钮

步骤 05 ❶选择音频素材；❷拖曳时间线至视频素材的结束位置；❸点击

“分割”按钮，如图7-6所示。

步骤 06 执行操作后，即可将音频素材分割为两段，且系统会自动选中后半段音频素材，点击“删除”按钮，如图7-7所示，即可删除后半段音频素材。

图 7-6　点击“分割”按钮

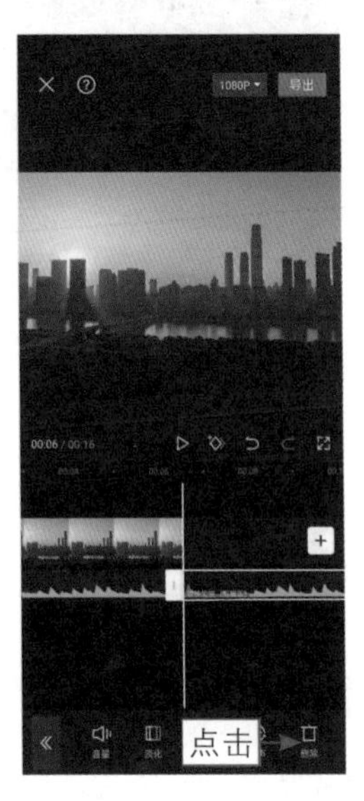

图 7-7　点击“删除”按钮

7.1.2　添加搜索的音乐

扫码看教学视频

扫码看案例效果

【效果展示】：用户不仅可以直接在剪映音乐库中选择已有的背景音乐，还可以搜索自己喜欢的其他背景音乐，将其添加到短视频中，视频效果如图7-8所示。

图 7-8　视频效果展示

下面介绍在剪映App中为视频添加搜索的音乐的方法。

步骤 01 在剪映App中导入视频素材，点击“音频”按钮，如图7-9所示。

步骤 02 执行操作后，点击“音乐”按钮，如图7-10所示。

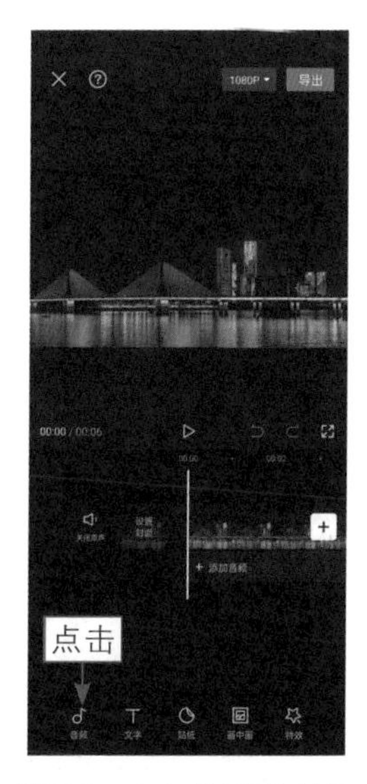

图 7-9　点击“音频”按钮

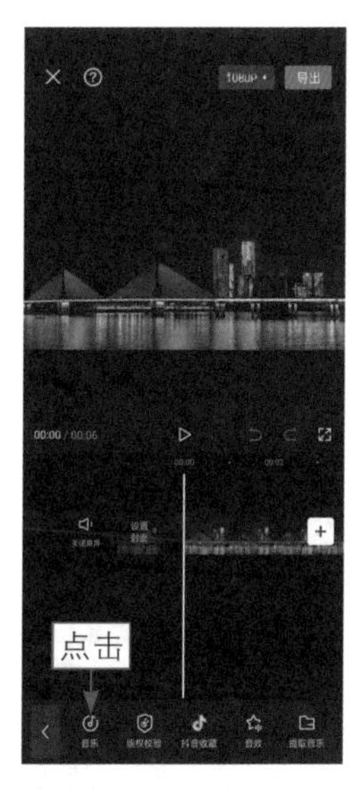

图 7-10　点击“音乐”按钮

步骤 03 进入“添加音乐”界面，点击搜索框，如图7-11所示。

步骤 04 ❶在搜索框中输入相应的音乐名称；❷点击“搜索”按钮，如图7-12所示，即可搜索音乐。

图 7-11　点击搜索框

图 7-12　点击“搜索”按钮

步骤 05 执行操作后，选择相应的背景音乐，点击右侧的“使用”按钮，如

图7-13所示，即可添加音乐。

步骤 06 调整音乐时长，使其与视频时长一致，如图7-14所示。

图 7-13 点击“使用”按钮

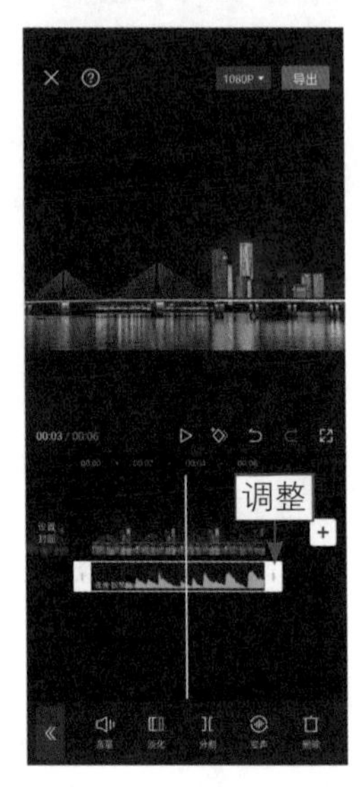

图 7-14 调整音乐时长

7.1.3 添加提取的音乐

扫码看教学视频

扫码看案例效果

【效果展示】：如果用户看到其他背景音乐好听的短视频，也可以将其保存到电脑或手机上，并通过剪映来提取短视频中的背景音乐，将其用到自己的短视频中，视频效果如图7-15所示。

图 7-15 视频效果展示

下面介绍在剪映App中为视频添加提取的音乐的方法。

步骤 01 在剪映App中导入视频素材，依次点击“音频”按钮和“提取音乐”按钮，如图7-16所示。

步骤 02 进入“照片视频”界面，❶选择相应的视频素材；❷点击“仅导入视频的声音”按钮，如图7-17所示，即可提取相应视频的背景音乐，并将其添加到音频轨道中。

步骤 03 点击“导出”按钮，如图7-18所示，即可导出并保存视频。

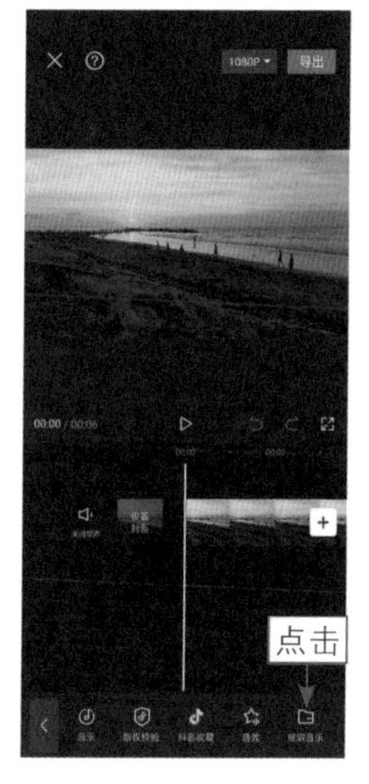

图 7-16　点击“提取音乐”按钮

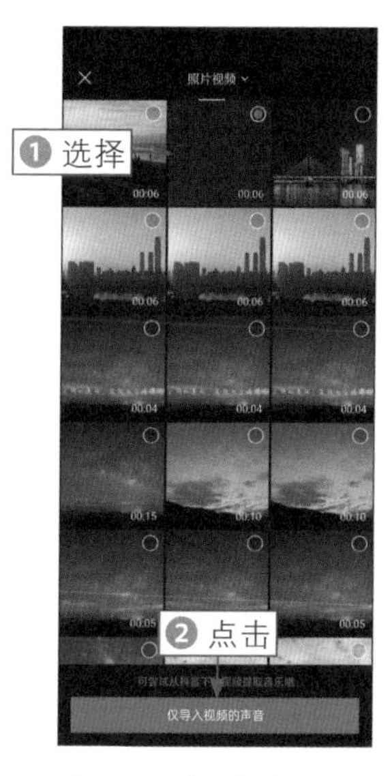

图 7-17　点击相应的按钮

图 7-18　点击“导出”按钮

7.1.4　添加纯音乐

扫码看教学视频

扫码看案例效果

【效果展示】：纯音乐是指不包含填词的音乐，主要通过纯粹优美的旋律来传达情感，同时还可以通过优美的曲调来展现出美妙的意境和氛围，视频效果如图7-19所示。

图 7-19　视频效果展示

下面介绍在剪映App中为视频添加纯音乐的方法。

步骤 01 在剪映App中导入视频素材，依次点击“音频”按钮和“音乐”按钮，如图7-20所示。

步骤 02 进入“添加音乐”界面，选择“纯音乐”选项，如图7-21所示。

图 7-20　点击“音乐”按钮

图 7-21　选择“纯音乐”选项

步骤 03 执行操作后，即可进入“纯音乐”界面，点击相应纯音乐右侧的“使用”按钮，如图7-22所示，即可将其添加到音频轨道中。

步骤 04 调整音乐时长与视频时长一致，如图7-23所示，最后导出并保存视频。

图 7-22　点击“使用”按钮

图 7-23　调整音乐时长

7.2　加入常见音效

常见音效是指在自然界或生活中经常可以听到声音效果，比如动物发出的叫声、周围环境产生的声音等，本节将介绍一些常见音效的添加方法。

7.2.1　加入动物音效

扫码看教学视频

扫码看案例效果

【效果展示】：加入动物音效是指在视频中加入各种动物发出的叫声，可以让视频效果更加逼真，视频效果如图7-24所示。

图 7-24　视频效果展示

下面介绍在剪映App中为视频加入动物音效的方法。

步骤 01 在剪映App中导入相应的视频素材，依次点击“音频”按钮和“音效”按钮，如图7-25所示。

步骤 02 ❶搜索“海鸥”音效；❷点击“海边水声和海鸥的声音”音效右侧的“使用”按钮，如图7-26所示。

步骤 03 调整音效时长与视频时长一致，如图 7-27 所示，最后导出并保存视频。

图 7-25　点击“音效”按钮

图 7-26　点击“使用”按钮

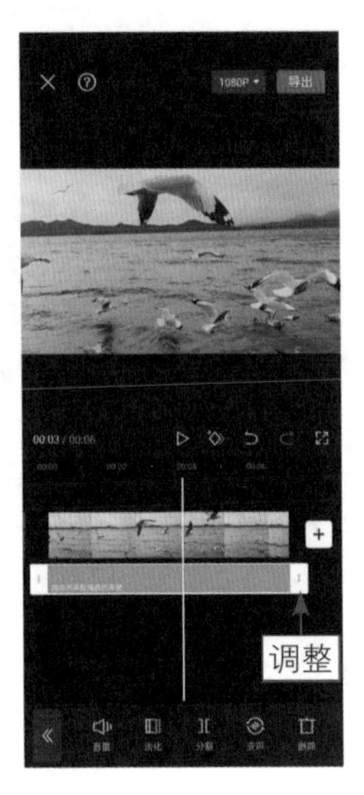

图 7-27　调整音效时长

7.2.2　加入海浪音效

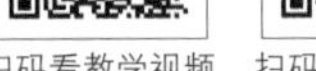

【效果展示】：给包含海浪背景的视频添加合适的海浪音效，可以让视频更接近真实场景，视频效果如图 7-28 所示。

图 7-28　视频效果展示

下面介绍在剪映App中为视频加入海浪音效的方法。

步骤 01 在剪映App中导入相应的视频素材，依次点击“音频”按钮和“音效”按钮，如图7-29所示。

步骤 02 ❶切换至“环境音”选项卡；❷点击“海浪声4”音效右侧的“使用”按钮，如图7-30所示。

步骤 03 调整视频时长，使其与音效时长一致，如图7-31所示，最后导出并保存视频即可。

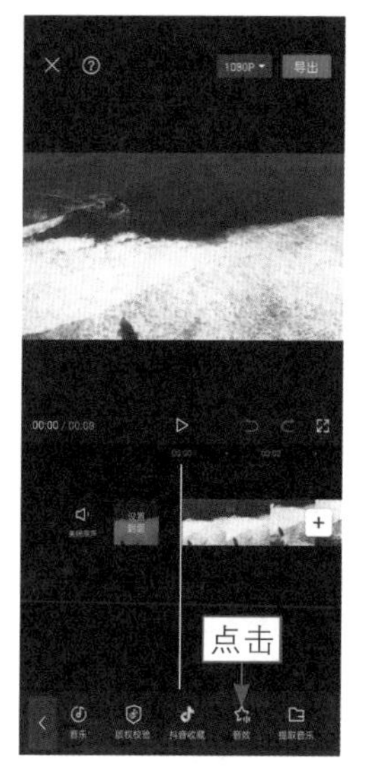

图 7-29　点击“音效”按钮

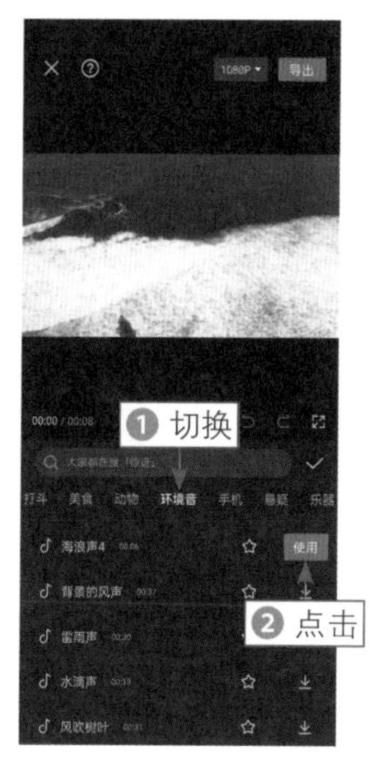

图 7-30　点击“使用”按钮

图 7-31　调整视频时长

7.3　制作音频效果

在剪映中可以对音频进行淡化处理和制作回音，让背景音乐变得更有特色。下面将介绍具体的制作方法。

7.3.1　制作音频淡化

扫码看教学视频

扫码看案例效果

【效果展示】：设置音频淡化（即淡入和淡出）效果后，可以让背景音乐显得不那么突兀，给用户带来更加舒适的视听感，视频效果如图7-32所示。

图 7-32　视频效果展示

下面介绍在剪映App中制作音频淡化效果的方法。

步骤 01 在剪映App中导入相应的视频素材，选择素材，点击“音频分离”按钮，如图7-33所示，将音频素材分离出来。

步骤 02 ❶选择音频素材；❷点击“淡化”按钮，如图7-34所示。

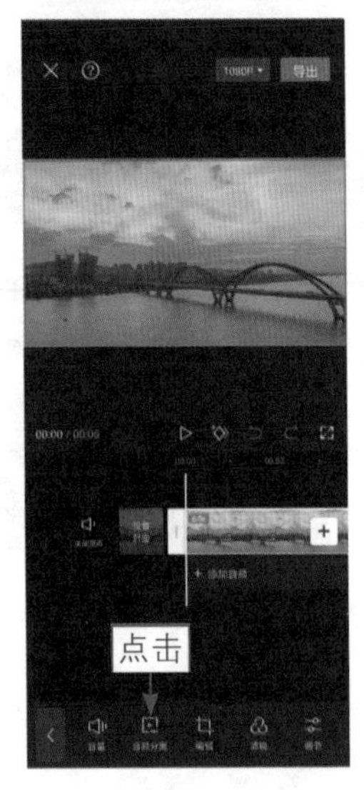

图 7-33　点击“音频分离”按钮

图 7-34　点击“淡化”按钮

步骤 03 在“淡化”面板中，设置“淡入时长”和“淡出时长”均为2s，如图7-35所示。

步骤 04 点击“导出”按钮，如图7-36所示，即可导出并保存视频。

图 7-35　设置相关参数

图 7-36　点击“导出”按钮

7.3.2　制作回音

扫码看教学视频

扫码看案例效果

【效果展示】：在处理短视频的音频素材时，用户可以给其增加一些回音特效，让声音效果变得更有趣。视频效果如图7-37所示。

图 7-37　视频效果展示

下面介绍在剪映App中制作回音效果的方法。

步骤 01 在剪映App中导入相应的视频素材，选择素材，点击“音频分离”按钮，如图7-38所示，将音频素材分离出来。

步骤 02 ❶选择分离的音频；❷点击“变声”按钮，如图7-39所示。

图 7-38　点击“音频分离”按钮

图 7-39　点击“变声”按钮

步骤 03 进入“变声”面板，❶在“基础”选项卡中选择“回音”选项；❷设置“强度”参数值为90，如图7-40所示。

步骤04 点击“导出”按钮，如图7-41所示，即可导出并保存视频。

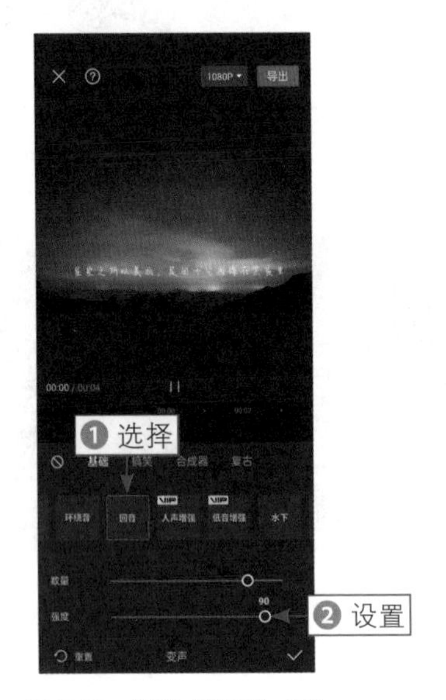

图 7-40　设置“强度”参数

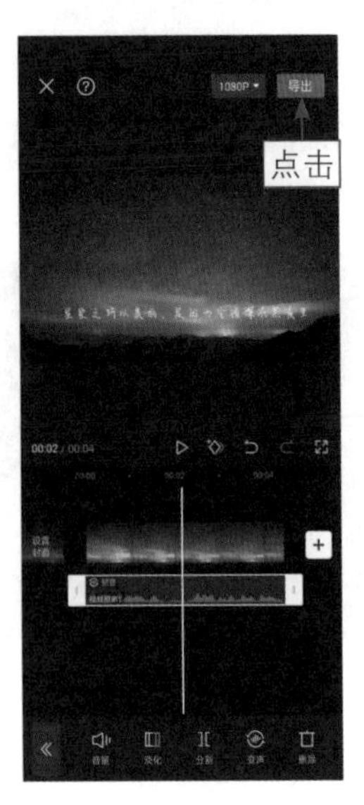

图 7-41　点击“导出”按钮

本章小结

本章主要介绍有关音频的操作。首先介绍了添加音频素材的方法，包括添加剪映推荐的音乐、添加搜索的音乐、添加提取的音乐和添加纯音乐；接下来介绍了加入常见音效的方法，包括动物音效和海浪音效；最后介绍了制作特殊音频效果的方法，包括音频淡化和制作回音。

通过对本章的学习和掌握，大家可以灵活运用学到的技法，挑选出自己中意的背景音乐，加到自己的视频中，也可以加入自己制作的音频效果，使视频整体效果更加精致和出彩。

课后习题

鉴于本章知识的重要性，为了帮助读者更好地掌握所学知识，本节将通过课后习题，帮助读者进行简单的知识回顾和补充。

扫码看教学视频

扫码看案例效果

本章习题需要大家学会在剪映App中制作音频变速效果，在视频中对音频播放速度进行放慢或加快等变速处理，从而制作出一些特殊的背景音乐效果。视频效果如图7-42所示。

图 7-42　视频效果展示

第 8 章

挑战卡点视频

在这个“流量为王”的时代，如何才能从各种短视频中脱颖而出呢？方法之一就是学会制作卡点视频，卡点能让视频更出彩，更能吸引大众的目光。本章主要帮助用户掌握多种卡点技巧，学会卡点要领，从而玩转剪映。

8.1　制作基础卡点

卡点视频就是让照片或者视频与音乐的节奏相匹配，然后利用音乐的节奏变化对画面进行切换。合理地利用卡点技巧可以让视频更出彩，给大家带来视觉和听觉的双重享受。

用户可以为图片或视频添加合适的音乐，再运用剪映App中的“踩点”“玩法”“特效”等功能，轻松制作出卡点视频。下面介绍制作对焦卡点和录像卡点视频的操作方法。

8.1.1　对焦卡点

扫码看教学视频

扫码看案例效果

【效果展示】：对焦卡点视频是当下很火的一种视频类型，能让照片中的人物在背景变焦中动起来，视频画面效果十分立体，效果如图8-1所示。

图 8-1　效果展示

下面介绍在剪映App中制作对焦卡点视频的方法。

步骤 01 在剪映App中导入相应的照片素材，点击“音频”按钮，如图8-2所示。

步骤 02 添加合适的背景音乐，如图8-3所示。

图 8-2　点击“音频”按钮

图 8-3　添加合适的背景音乐

步骤 03 ❶选择音频；❷点击“踩点”按钮，如图8-4所示。

步骤 04 ❶点击“自动踩点”按钮；❷选择“踩节拍I”选项，如图8-5所示。

图 8-4　点击“踩点”按钮

图 8-5　选择“踩节拍 I”选项

步骤 05 ❶选择第1段素材；❷点击“抖音玩法”按钮，如图8-6所示。

步骤 06 进入“抖音玩法”面板，在“运镜”选项卡中，选择“3D照片”玩法，如图8-7所示。

图 8-6　点击“抖音玩法”按钮

图 8-7　选择相应的玩法

步骤 07 用与上面相同的方法，为其他两段素材分别添加“3D照片”玩法，如图8-8所示。

步骤 08 调整第3张照片素材的时长，使其结束位置与音频的结束位置对齐，如图8-9所示。

图 8-8　添加相应的玩法

图 8-9　调整相应的时长

步骤 09 返回一级工具栏，❶拖曳时间线至起始位置；❷点击“特效”按钮，如图8-10所示。

步骤 10 进入特效工具栏，点击“画面特效”按钮，如图8-11所示。

图 8-10 点击“特效”按钮

图 8-11 点击“画面特效”按钮

步骤 11 进入相应的界面，❶切换至“基础”选项卡；❷选择“变清晰”特效，如图8-12所示。

步骤 12 调整特效的持续时长，使其结束位置与第1段素材的结束位置对齐，如图8-13所示。

图 8-12 选择“变清晰”特效

图 8-13 调整特效的持续时长

步骤 13 用与上面相同的方法，为其他两段素材添加“变清晰”特效，并调整其位置和时长，如图8-14所示。

步骤 14 点击“导出”按钮，如图8-15所示，即可导出并保存视频。

图 8-14　调整位置和时长

图 8-15　点击“导出”按钮

8.1.2　录像卡点

扫码看教学视频

扫码看案例效果

【效果展示】：录像卡点就是像录像机一样定格切换画面，有一种在现场录像的感觉，效果如图8-16所示。

图 8-16　效果展示

下面介绍在剪映App中制作录像卡点视频的操作方法。

步骤 01 在剪映App中导入相应的照片素材，点击“音频”按钮，如图8-17所示。

步骤02 添加合适的背景音乐，如图8-18所示。

图8-17 点击“音频”按钮

图8-18 添加合适的背景音乐

步骤03 ❶选择音频；❷点击“踩点”按钮，如图8-19所示。

步骤04 ❶点击“自动踩点”按钮；❷选择“踩节拍I”选项，如图8-20所示。

图8-19 点击“踩点”按钮

图8-20 选择“踩节拍Ⅰ”选项

步骤05 ❶拖曳时间线至第3个小黄点的位置；❷点击“删除点”按钮，如

图8-21所示，删除第3个小黄点。

步骤 06 用与上面相同的方法，删除第5个小黄点，如图8-22所示。

图 8-21　点击“删除点”按钮

图 8-22　删除第 5 个小黄点

步骤 07 调整每段素材的时长，使其与每两个小黄点内的时长一致，如图8-23所示。

步骤 08 返回一级工具栏，❶拖曳时间线至视频起始位置；❷依次点击“特效”按钮和“画面特效”按钮，如图8-24所示。

图 8-23　调整每段素材的时长

图 8-24　点击“画面特效”按钮（1）

步骤09 ❶切换至“基础”选项卡；❷选择“变清晰”特效，如图8-25所示，为视频添加特效。

步骤10 ❶调整特效的持续时长，使其与第1段素材的时长一致；❷点击“调整参数”按钮，在“调整参数”面板中设置“对焦速度”参数值为50，如图8-26所示。

图 8-25　选择“变清晰”特效

图 8-26　设置“对焦速度”参数

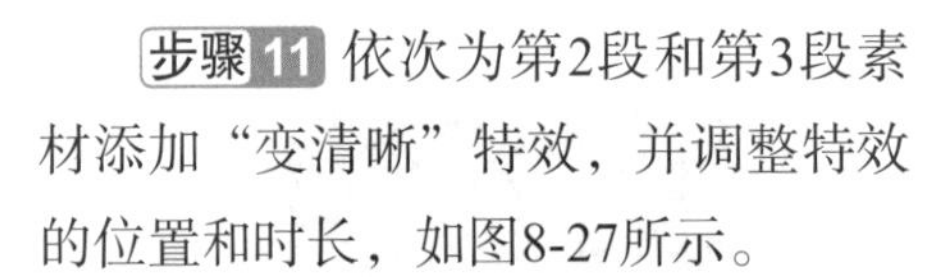

步骤11 依次为第2段和第3段素材添加“变清晰”特效，并调整特效的位置和时长，如图8-27所示。

步骤12 点击第1段素材和第2段素材中间的 | 按钮，如图8-28所示。

步骤13 进入“转场”面板，❶切换至“运镜”选项卡；❷选择“推近”转场，如图 8-29 所示。

步骤14 用与上面相同的方法，在第2段和第3段素材之间添加“运镜”选项卡中的“拉远”转场，如图8-30所示。

图 8-27　调整特效位置和时长

图 8-28　点击相应的按钮

图 8-29　选择“推近”转场

图 8-30　添加“拉远”转场

步骤 15 返回一级工具栏，❶拖曳时间线至视频起始位置；❷依次点击“特效”按钮和“画面特效”按钮，如图8-31所示。

步骤 16 执行操作后，❶切换至“边框”选项卡；❷选择“录制边框Ⅱ”选项，如图8-32所示。

图 8-31　点击“画面特效”按钮（2）

图 8-32　选择“录制边框Ⅱ”选项

步骤 17 调整特效时长与视频时长一致，如图8-33所示。

步骤 18 点击“导出”按钮，如图8-34所示，即可导出并保存视频。

图 8-33 调整特效时长

图 8-34 点击“导出”按钮

8.2 制作花样卡点

掌握了基础卡点视频的制作方法，用户可以尝试运用剪映App的多项功能对视频进行综合处理，制作出更出彩的卡点视频效果。本节主要介绍制作滤镜卡点和黑白变速卡点视频的方法。

8.2.1 滤镜卡点

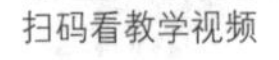

扫码看教学视频　扫码看案例效果

【效果展示】：滤镜卡点主要是根据卡点音乐的节奏来添加不同的滤镜，以获得视频画面色彩切换效果的，如图8-35所示。

图 8-35 效果展示

下面介绍在剪映App中制作滤镜卡点视频的方法。

步骤 01 在剪映 App 中导入相应的视频素材，点击“音频”按钮，如图 8-36 所示。

步骤 02 添加合适的背景音乐，如图8-37所示。

图 8-36　点击“音频”按钮

图 8-37　添加合适的背景音乐

步骤 03 ❶选择音频；❷点击“踩点”按钮，如图8-38所示。

步骤 04 ❶点击“自动踩点”按钮；❷选择“踩节拍Ⅱ”选项，如图8-39所示。

图 8-38　点击“踩点”按钮

图 8-39　选择“踩节拍Ⅱ”选项

步骤 05 返回到一级工具栏，点击“滤镜”按钮，如图8-40所示。

步骤 06 在“滤镜”选项卡中，❶切换至“风格化”选项区；❷选择“珠落”滤镜，如图8-41所示。

图 8-40　点击“滤镜”按钮

图 8-41　选择“珠落”滤镜

步骤 07 调整滤镜的位置和时长，如图8-42所示，使其位于第2个和第4个小黄点之间。

步骤 08 点击“新增滤镜”按钮，选择“风景”选项区中的“海雾”滤镜，如图8-43所示。

图 8-42　调整滤镜的位置和时长（1）

图 8-43　选择“海雾”滤镜

步骤 09 调整滤镜的位置和时长，如图8-44所示，使其位于第4个和第6个小黄点之间。

步骤 10 返回上一级工具栏，点击“新增滤镜”按钮，添加“风景”选项区中的“橘光”滤镜，并调整滤镜的位置和时长，如图8-45所示，使其位于第6个和第8个小黄点之间。

图 8-44　调整滤镜的位置和时长（2）

图 8-45　调整滤镜的位置和时长（3）

步骤 11 用与上面相同的方法，添加“影视级”选项区中的“即刻春光”滤镜，并调整滤镜的位置和时长，如图8-46所示，使其位于第8个和第10个小黄点之间。

步骤 12 用与上面相同的方法，添加“基础”选项区中的“质感暗调”滤镜，并调整滤镜的位置和时长，如图8-47所示，使其位于第10个小黄点和视频结束位置之间。

图 8-46　调整滤镜的位置和时长（4）

图 8-47　调整滤镜的位置和时长（5）

8.2.2 黑白变速卡点

扫码看教学视频

扫码看案例效果

【效果展示】：制作黑白变速卡点视频时要注意视频中速度快慢的处理，通过恰当地使用剪映App中的“踩点”功能和“变速”功能，就能做出忽快忽慢的卡点效果。此外，还要注意“滤镜”功能的使用，在视频中添加滤镜，使视频画面呈现出黑白切换的效果，效果如图8-48所示。

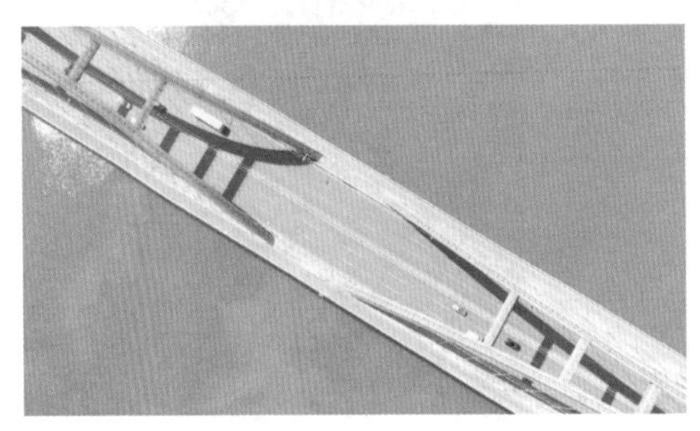
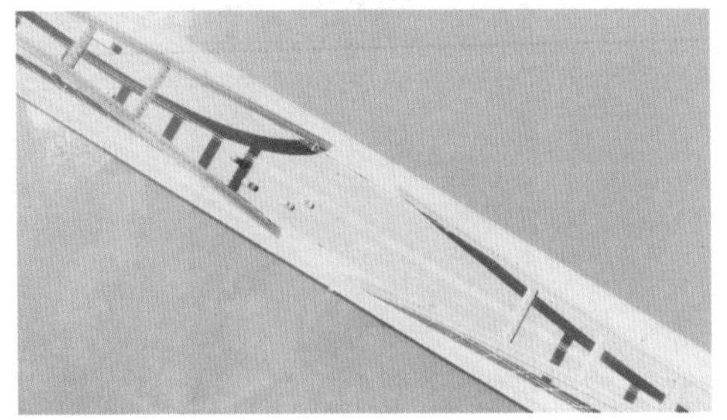

图 8-48 效果展示

下面介绍在剪映App中制作黑白变速卡点视频的方法。

步骤 01 在剪映App中导入视频素材，添加合适的背景音乐，如图8-49所示。

步骤 02 ❶选择音频；❷点击“踩点”按钮，如图8-50所示。

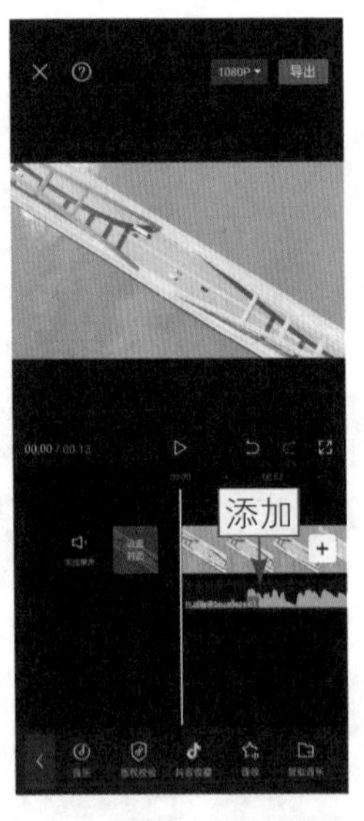

图 8-49 添加合适的背景音乐

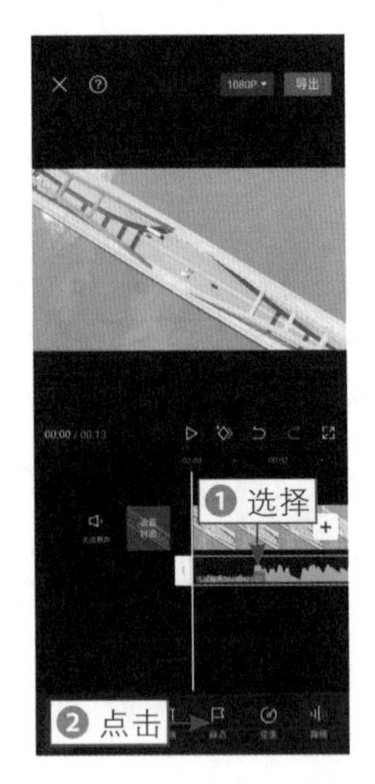

图 8-50 点击“踩点”按钮

步骤 03 ❶点击“自动踩点”按钮；❷选择“踩节拍Ⅰ”选项，如图8-51

所示。

步骤 04 ❶选择视频素材；❷依次点击“变速”按钮和“常规变速”按钮，如图8-52所示。

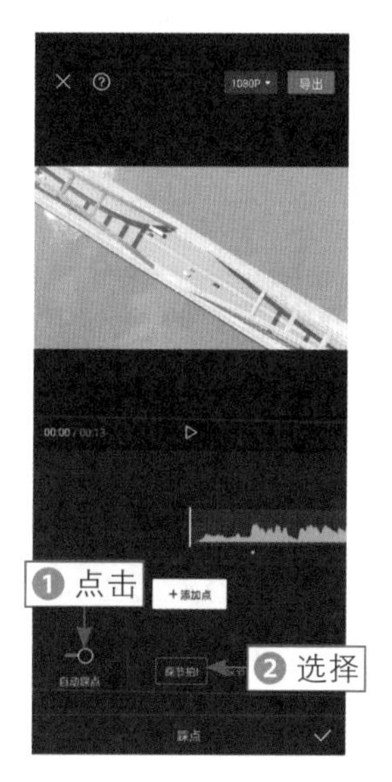

图 8-51　选择“踩节拍 I ”选项

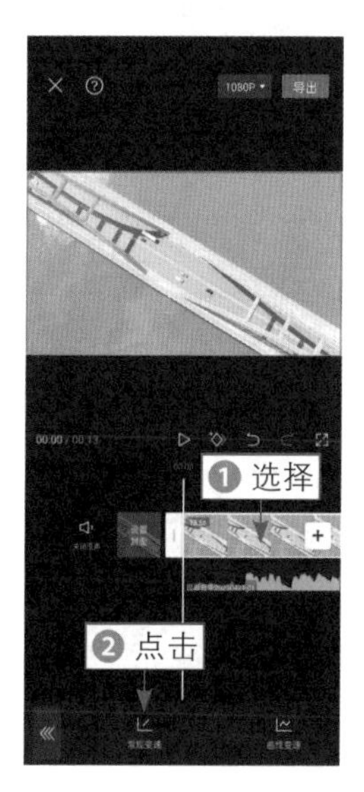

图 8-52　点击“常规变速”按钮（1）

步骤 05 拖曳滑块，设置“变速”参数为 2.5x，如图 8-53 所示，添加变速效果。

步骤 06 返回上一级工具栏，❶拖曳时间线至第1个小黄点的位置；❷点击“分割”按钮，如图8-54所示。

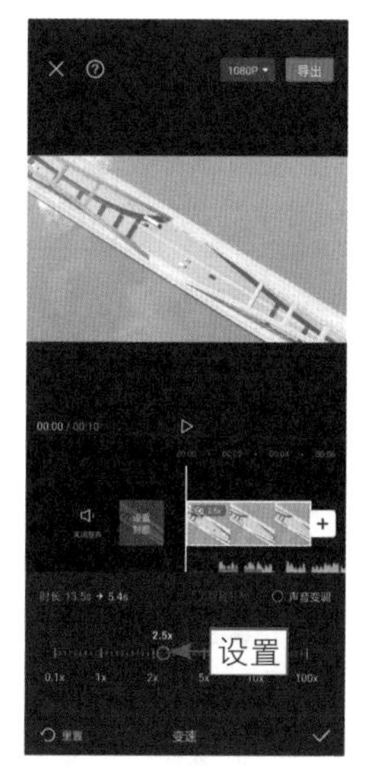

图 8-53　设置“变速”参数（1）

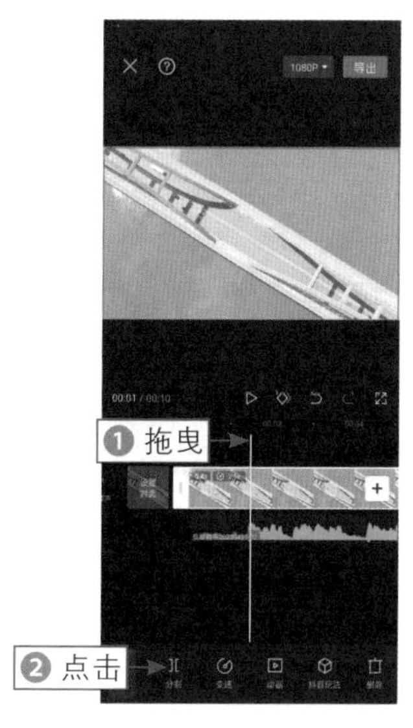

图 8-54　点击“分割”按钮

步骤 07 依次点击“变速”按钮和“常规变速”按钮，如图8-55所示。

步骤 08 拖曳滑块，设置“变速”参数为0.5x，如图8-56所示。

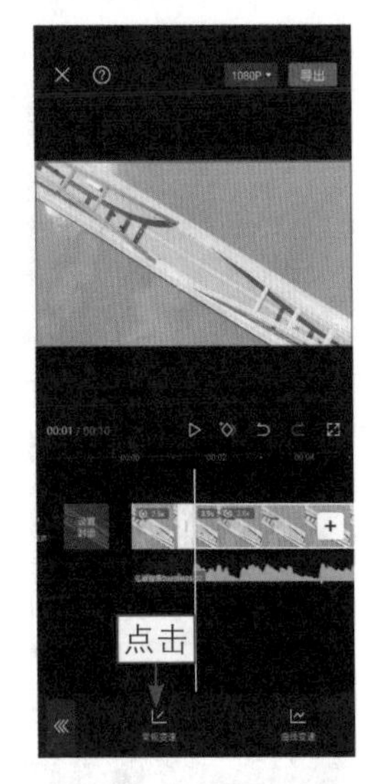

图 8-55　点击“常规变速”按钮（2）

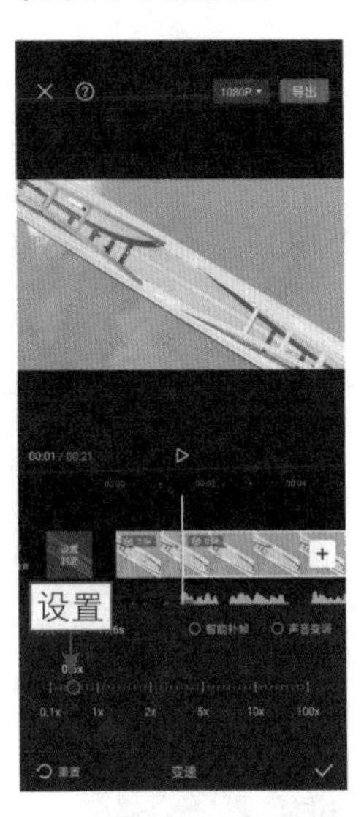

图 8-56　设置“变速”参数（2）

步骤 09 返回上一级工具栏，拖曳时间线至第2个小黄点的位置，对素材进行分割，选择分割后的素材，依次点击“变速”按钮和“常规变速”按钮，设置“变速”参数为2.5x，如图8-57所示。

步骤 10 用与上面相同的方法，拖曳时间线至第3个小黄点的位置，对剩下的视频素材进行分割和变速操作，并设置“变速”参数为0.5x，如图8-58所示。

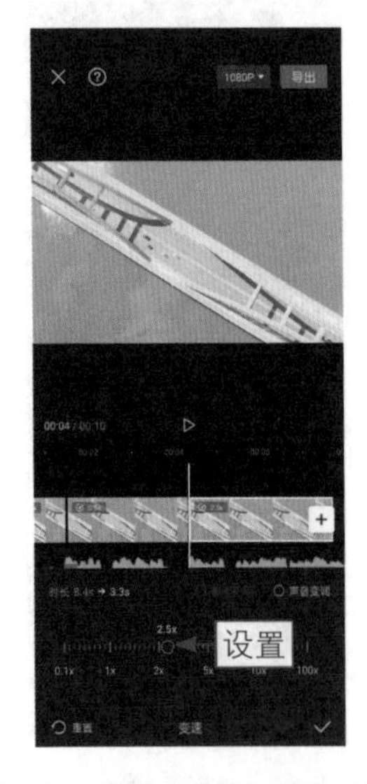

图 8-57　设置“变速”参数（3）

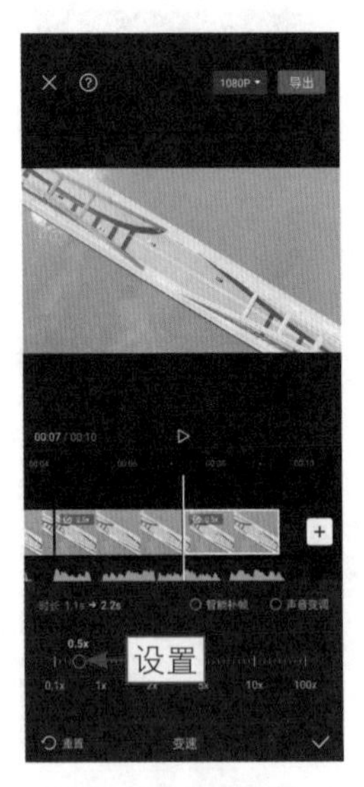

图 8-58　设置“变速”参数（4）

步骤 11 调整音频时长，使其与视频时长一致，如图8-59所示。

步骤 12 ❶选择第2段视频素材；❷点击“滤镜”按钮，如图8-60所示。

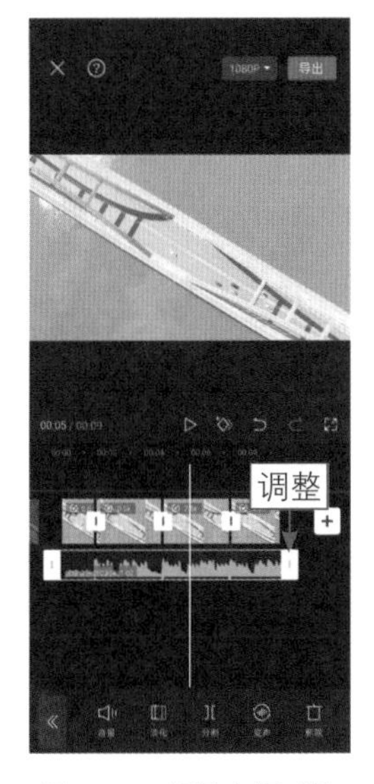

图 8-59　调整音频时长

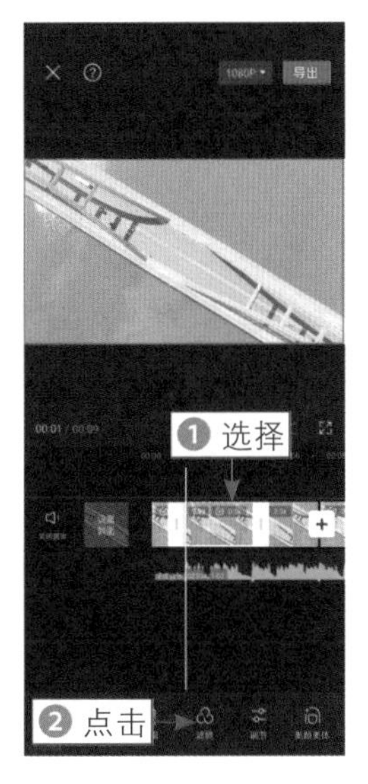

图 8-60　点击“滤镜”按钮

步骤 13 在“滤镜”选项卡中，❶切换至“黑白”选项区；❷选择“褪色”滤镜；❸拖曳滑块，设置其参数值为100，如图8-61所示。

步骤 14 用与上面相同的方法，❶为第4段视频素材添加“黑白”选项区中的“褪色”滤镜；❷拖曳滑块，设置其参数值为100，如图8-62所示。

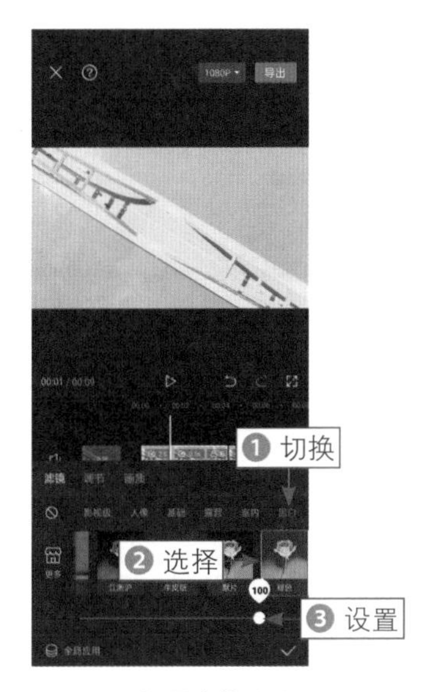

图 8-61　设置滤镜（1）

图 8-62　设置滤镜（2）

本章小结

本章主要介绍了制作卡点视频的方法。首先介绍了制作基础卡点视频的基本操作，包括对焦卡点和录像卡点；然后介绍了如何运用剪映的多种功能制作花样卡点视频，包括滤镜卡点和黑白变速卡点。

学完本章后，大家可以灵活运用学到的技法，在视频中加入卡点效果，制作精彩的卡点视频。

课后习题

扫码看教学视频

扫码看案例效果

鉴于本章知识的重要性，为了帮助读者更好地掌握所学知识，本节将通过课后习题，帮助读者进行简单的知识回顾和补充。

本章习题需要大家学会在剪映App中制作花朵卡点视频，剪映的“自动踩点”功能可以帮助用户快速找到音乐的节奏点，这样就可以轻松根据节奏点做出花朵卡点视频，非常方便，视频效果如图8-63所示。

图 8-63　视频效果展示

第9章 综合实战：《万家灯火》

剪映不仅功能简单好用，素材也非常丰富，而且上手难度低，为用户提供了更舒适的创作和剪辑条件，还能帮助用户轻松制作出艺术大片。本章主要介绍在剪映中制作综合实战案例《万家灯火》视频的方法。

9.1 效果展示

扫码看案例效果

【效果展示】：本章制作的视频是由多个地点的延时视频组合在一起的，在视频开头介绍了视频的主题，之后展示每个延时视频拍摄地点的夜景，效果如图9-1所示。

图 9-1　效果展示

9.2　制作流程

制作本章视频需要用到剪映App的多项功能，如“蒙版”功能、“分割”功能、“动画”功能、“转场”功能、“特效”功能、“文字”功能以及“音频”功能等。本节主要介绍制作这个综合视频的流程。

9.2.1　制作片头视频

扫码看教学视频

一个效果好看的片头视频可以吸引观众的目光，留住观众的视线，引发观众的好奇心，激起观众想要继续观看的欲望，提升视频的观看率。下面介绍在剪映App中制作片头视频的方法。

步骤 01 在手机屏幕上点击“剪映”图标，打开剪映App，进入“剪辑”界面，点击“开始创作”按钮，如图9-2所示。

步骤 02 切换至“素材库”界面，进入该界面后，可以看到剪映素材库内置了丰富的素材，如图9-3所示。

图 9-2　点击“开始创作”按钮（1）

图 9-3　切换至“素材库”界面

步骤 03 ❶在“热门”选项卡中选择一段黑色背景素材；❷选中“高清”复选框；❸点击“添加”按钮，如图9-4所示。

步骤 04 执行操作后，即可将黑色背景素材导入剪映App中，依次点击“文字”按钮和“新建文本”按钮，如图9-5所示。

图 9-4　点击“添加”按钮（1）

图 9-5　点击“新建文本”按钮

步骤 05 在文本框中输入相应的文字内容，如图9-6所示。

步骤 06 在“字体”选项卡中，选择合适的字体，如图9-7所示。

图 9-6　输入相应的文字内容

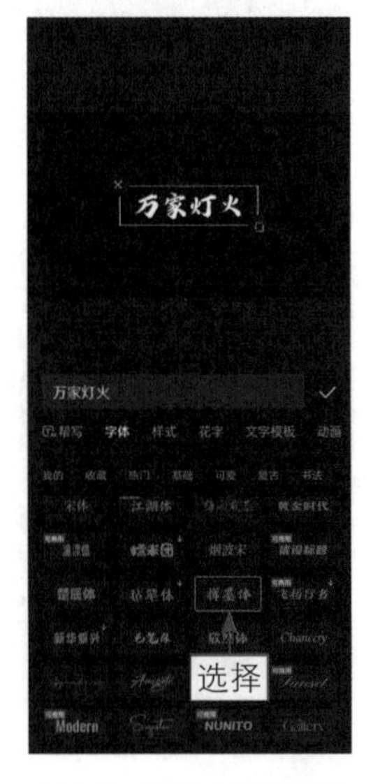

图 9-7　选择合适的字体

步骤 07 切换至“样式”选项卡，设置“字号”参数值为20，如图9-8所示，使文字变大。

步骤 08 ❶切换至“动画”选项卡；❷在“入场”选项区中选择“缩小”动

画；❸拖曳滑块，设置动画时长参数为2.0s，如图9-9所示。

图 9-8　设置"字号"参数

图 9-9　设置动画时长参数（1）

步骤 09 调整视频时长和文字时长均为6.0s，如图9-10所示。

步骤 10 点击"导出"按钮，如图9-11所示，即可导出并保存视频。

图 9-10　调整视频时长和文字时长

图 9-11　点击"导出"按钮

步骤 11 返回"剪辑"界面，点击"开始创作"按钮，如图9-12所示。

步骤 12 进入"照片视频"界面，❶选择一段视频素材；❷选中"高清"复

选框；❸点击“添加”按钮，如图9-13所示。

图 9-12　点击“开始创作”按钮（2）

图 9-13　点击“添加”按钮（2）

步骤 13 执行操作后，即可导入视频素材，依次点击“画中画”按钮和“新增画中画”按钮，如图9-14所示。

步骤 14 进入“照片视频”界面，导入刚刚导出的文字素材，如图9-15所示。

图 9-14　点击“新增画中画”按钮

图 9-15　导入相应的文字素材

步骤 15 在预览区域放大视频画面，使其占满屏幕，如图9-16所示。

步骤 16 ❶拖曳时间线至第3s的位置；❷在工具栏中点击“混合模式”按钮，选择“正片叠底”选项，如图9-17所示，制作文字镂空效果。

图 9-16　放大视频画面

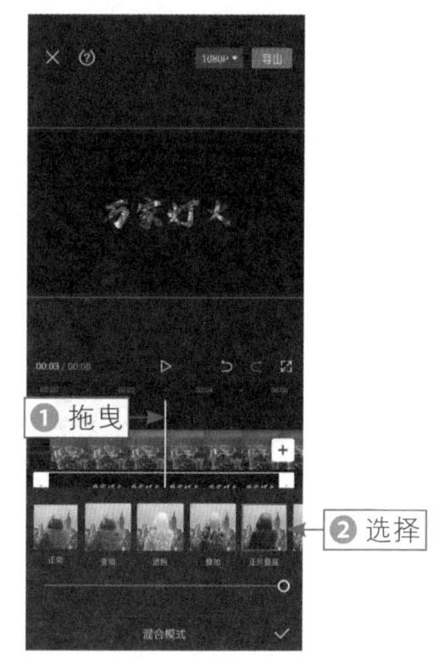

图 9-17　选择“正片叠底”选项

步骤 17 在预览区域适当调整文字的大小，如图9-18所示。

步骤 18 点击“分割”按钮，如图9-19所示，分割视频素材。

图 9-18　调整文字的大小

图 9-19　点击“分割”按钮

步骤 19 在工具栏中点击“蒙版”按钮，如图9-20所示。

步骤20 进入“蒙版”面板，选择“线性”蒙版，如图9-21所示。

图 9-20　点击“蒙版”按钮（1）

图 9-21　选择“线性”蒙版

步骤21 点击✓按钮返回，点击“复制”按钮，如图9-22所示，即可复制后一段画中画素材。

步骤22 将其拖曳至原轨道的下方，❶选择复制的画中画素材；❷点击“蒙版”按钮，如图9-23所示。

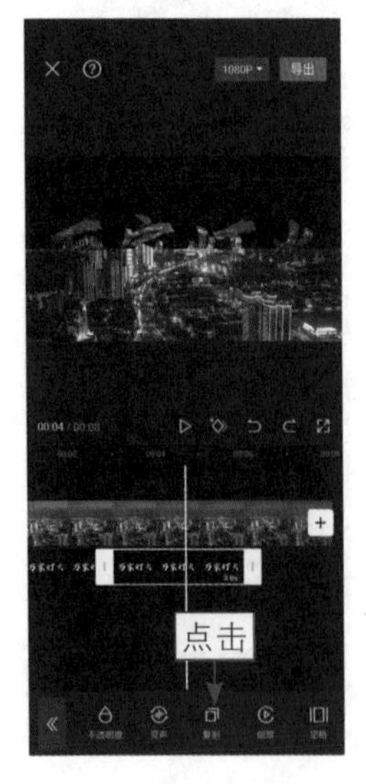

图 9-22　点击“复制”按钮

图 9-23　点击“蒙版”按钮（2）

步骤23 进入“蒙版”面板，点击“反转”按钮，如图9-24所示，反转设置的蒙版效果。

步骤 24 点击“动画”按钮，进入“动画”面板，❶切换至“出场动画”选项卡；❷选择“向下滑动”动画；❸设置动画时长参数为3.0s，如图9-25所示。

图 9-24　点击“反转”按钮

图 9-25　设置动画时长参数（2）

步骤 25 点击✓按钮返回，❶选择上层轨道中的画中画素材；❷点击“动画”按钮，如图9-26所示。

步骤 26 切换至“出场动画”选项卡，❶选择“向上滑动”动画；❷设置动画时长参数为3.0s，如图9-27所示。

图 9-26　点击“动画”按钮

图 9-27　设置动画时长参数（3）

9.2.2 剪辑素材

扫码看教学视频

片头效果制作完成后，接下来需要导入并剪辑视频素材。下面介绍在剪映App中剪辑视频素材的方法。

步骤 01 选择视频素材，❶拖曳时间线至第6s的位置；❷点击“分割”按钮，如图9-28所示，即可分割视频素材。

步骤 02 依次点击“变速”按钮和“常规变速”按钮，如图9-29所示。

图 9-28　点击“分割”按钮

图 9-29　点击“常规变速”按钮（1）

步骤 03 在“变速”面板中，向右拖曳红色圆环，设置“变速”参数为2.0x，如图9-30所示，对视频进行变速处理。

步骤 04 点击视频素材右侧的[+]按钮，如图9-31所示。

步骤 05 进入“照片视频”界面，❶选择多个视频素材；❷选中“高清”复选框；❸点击“添加”按钮，如图9-32所示，即可将视频导入剪映App中。

图 9-30　设置“变速”参数（1）

图 9-31　点击相应的按钮

步骤06 ❶选择第3段视频素材；❷依次点击“变速”按钮和“常规变速”按钮，如图9-33所示。

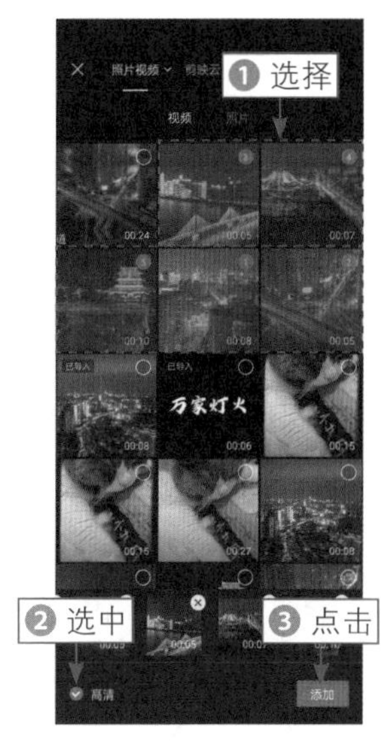

图 9-32　点击“添加”按钮

图 9-33　点击“常规变速”按钮（2）

步骤07 在“变速”面板中，向右拖曳红色圆环，设置“变速”参数为3.0x，如图9-34所示，对视频进行变速处理。

步骤08 选择第4段视频素材，点击“常规变速”按钮，如图9-35所示。

图 9-34　设置“变速”参数（2）

图 9-35　点击“常规变速”按钮（3）

步骤 09 向右拖曳红色圆环，设置“变速”参数为1.5x，如图9-36所示，对视频进行变速处理。

步骤 10 选中第5段视频素材，在“变速”面板中，向右拖曳红色圆环，设置“变速”参数为1.8x，如图9-37所示，对视频进行变速处理。

图 9-36　设置“变速”参数（3）

图 9-37　设置“变速”参数（4）

步骤 11 用与上面相同的方法，设置第6段视频素材的“变速”参数为2.5x，如图9-38所示，对视频进行变速处理。

步骤 12 用与上面相同的方法，设置第7段视频素材的“变速”参数为2.0x，如图9-39所示，对视频进行变速处理。

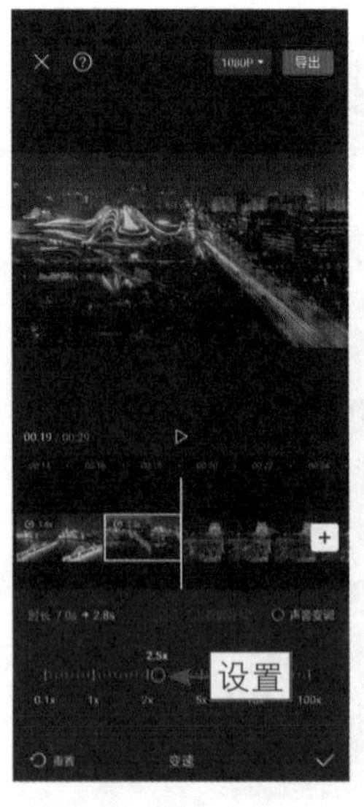

图 9-38　设置“变速”参数（5）

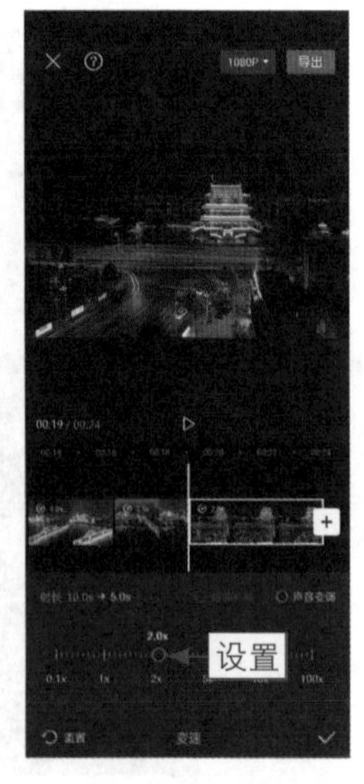

图 9-39　设置“变速”参数（6）

9.2.3　加入转场

扫码看教学视频

视频素材之间的切换少不了转场效果，好看的转场效果能让画面给人耳目一新的感觉。下面介绍在剪映App中为视频加入转场的方法。

步骤 01 点击第 2 段和第 3 段视频素材中间的 ı 按钮，如图 9-40 所示。

步骤 02 进入“转场”面板，❶切换至“拍摄”选项卡；❷选择“眨眼”转场，如图9-41所示。

步骤 03 执行操作后，视频轨道中显示了添加的转场图标 ⋈，如图9-42所示。

步骤 04 点击第 3 段和第 4 段视频素材中间 ı 按钮，进入“转场”面板，❶ 切换至“叠化”选项卡；❷ 选择“撕纸”转场，如图 9-43 所示。

步骤 05 拖曳滑块，设置其转场时长为1.3s，如图9-44所示。

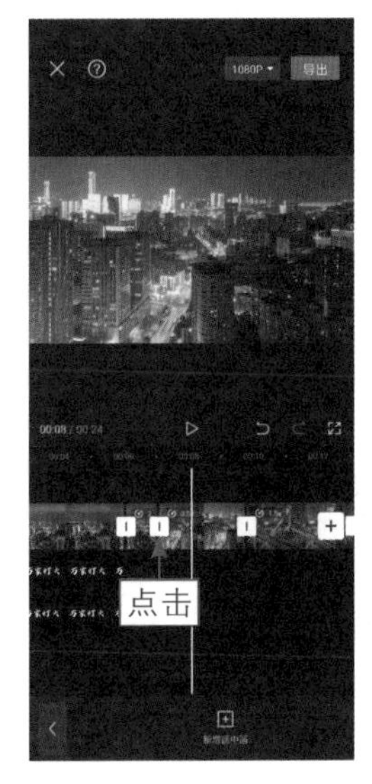

图 9-40　点击相应的按钮

图 9-41　选择“眨眼”转场

图 9-42　显示转场图标

图 9-43　选择“撕纸”转场

步骤 06 点击第4段和第5段视频素材中间的 | 按钮，进入“转场”面板，❶切换至“运镜”选项卡；❷选择“推近”转场，如图9-45所示。

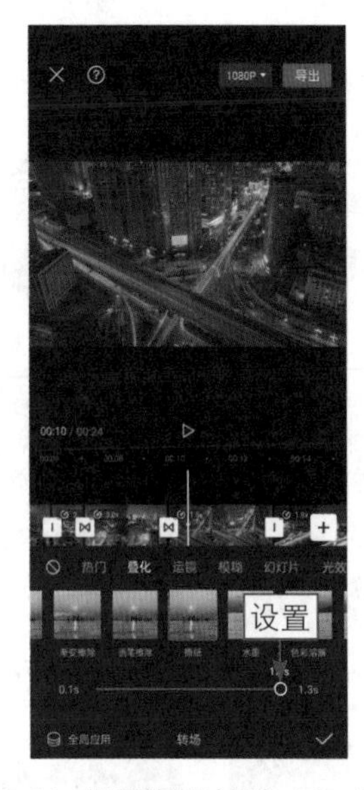

图 9-44 设置转场时长为 1.3s（1）

图 9-45 选择“推近”转场

步骤 07 拖曳滑块，设置其转场时长为1.5s，如图9-46所示。

步骤 08 用与上面相同的方法，点击第5段和第6段视频素材中间的 | 按钮，在“转场”面板中，选择“幻灯片”选项卡中的“百叶窗”转场，如图9-47所示。

图 9-46 设置转场时长为 1.5s

图 9-47 选择“百叶窗”转场

步骤 09 拖曳滑块，设置其转场时长为1.3s，如图9-48所示。

步骤 10 用与上面相同的方法，点击第6段和第7段视频素材中间的 | 按钮，❶在“转场”面板中，选择“幻灯片”选项卡中的“风车”转场；❷设置其转场时长为1.3s，如图9-49所示。

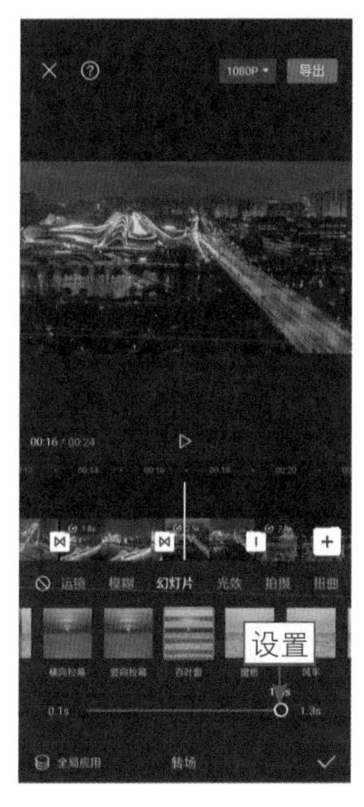

图 9-48　设置转场时长为 1.3s（2）

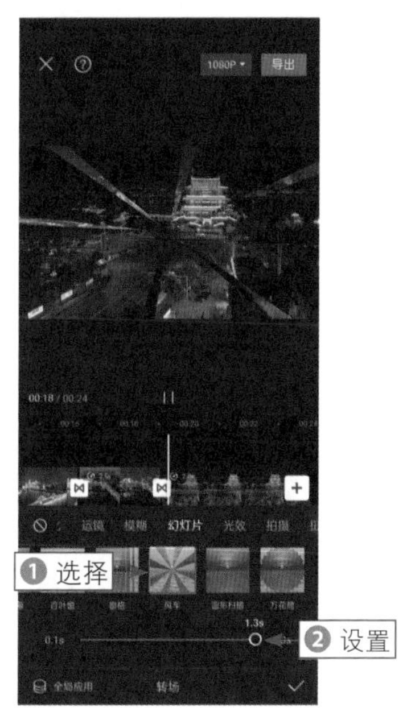

图 9-49　设置转场时长为 1.3s（3）

9.2.4　搭配字幕

扫码看教学视频

在短视频作品中，好的文字效果能够吸引流量，提升短视频的质量，同时能给视频画面起到解说的作用。下面介绍在剪映App中为视频搭配字幕的方法。

步骤 01 返回一级工具栏，❶拖曳时间线至第6s的位置；❷点击“文字”按钮，如图9-50所示。

步骤 02 在下一级工具栏中点击“新建文本”按钮，如图9-51所示。

步骤 03 在文本框中输入相应的文字内容，如图9-52所示。

步骤 04 在“字体”选项卡中，切换至“基础”选项区，选择合适的字体，如图9-53所示。

图 9-50　点击“文字”按钮

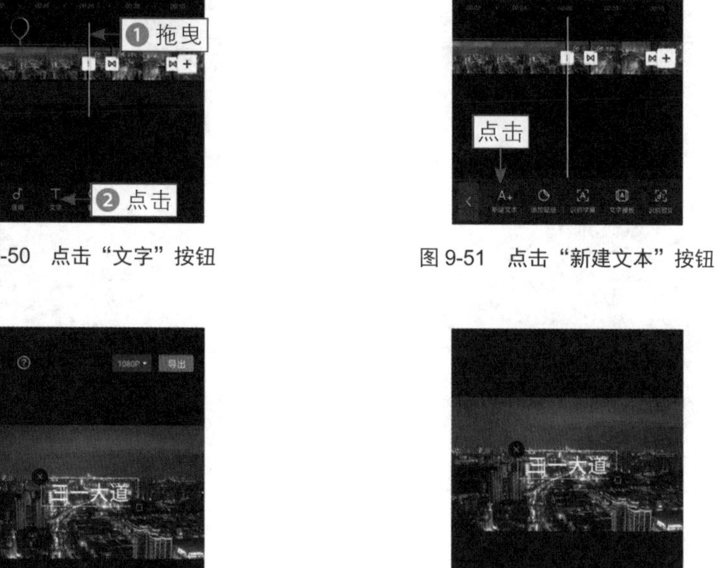

图 9-51　点击“新建文本”按钮

图 9-52　输入文字内容

图 9-53　选择合适的字体

步骤 05 ❶在预览区域调整文字的位置和大小；❷调整文字素材的时长，使其与第2段视频素材的时长一致；❸点击“复制”按钮，如图9-54所示，复制文字素材。

步骤 06 调整复制的文字素材的位置与时长，如图9-55所示。

图 9-54　点击“复制”按钮

图 9-55　调整文字素材的位置与时长（1）

步骤 07 在工具栏中点击“编辑”按钮，修改文字内容，如图9-56所示。

步骤 08 用与上面相同的方法，为第4段视频素材添加文字，并调整文字的位置与时长，如图9-57所示。

图 9-56　修改文字内容

图 9-57　调整文字素材的位置与时长（2）

步骤 09 用与上面相同的方法，为剩下的3段视频素材添加文字，并适当调整文字素材的位置与时长，如图9-58所示。

步骤 10 选择最后一段文字素材，在工具栏中点击“动画”按钮，❶切换至“出场”选项区；❷选择“向上擦除”动画；❸设置动画时长为1.3s，如图9-59所示，为文字添加动画效果。

图 9-58　调整文字素材的位置与时长（3）

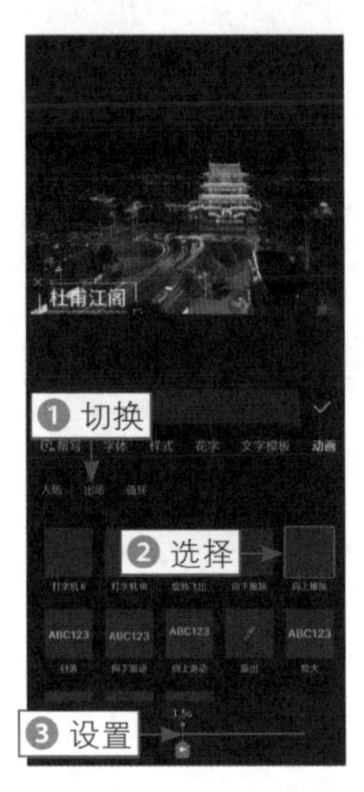

图 9-59　设置动画时长（1）

步骤 11　为最后一段视频添加文字内容，❶选择合适的字体；❷在预览区中适当调整文字的位置和大小，如图9-60所示。

步骤 12　❶调整文字素材的位置和时长；❷点击“动画”按钮，如图9-61所示。

图 9-60　调整文字的位置和大小

图 9-61　点击“动画”按钮

步骤 13 ❶在“入场”选项区中选择“逐字显影”动画；❷设置其动画时长为1.0s，如图9-62所示。

步骤 14 ❶在“出场”选项区中选择“渐隐”动画；❷设置其动画时长为1.5s，如图9-63所示。

图 9-62　设置动画时长（2）

图 9-63　设置动画时长（3）

9.2.5　制作片尾视频

扫码看教学视频

运用剪映App的“闭幕”特效可以制作视频的片尾，模拟电影闭幕的画面效果。下面介绍在剪映App中制作片尾视频的方法。

步骤 01 返回一级工具栏，❶拖曳时间线至第21s的位置；❷点击“特效”按钮，如图9-64所示。

步骤 02 在工具栏中点击“画面特效”按钮，如图9-65所示。

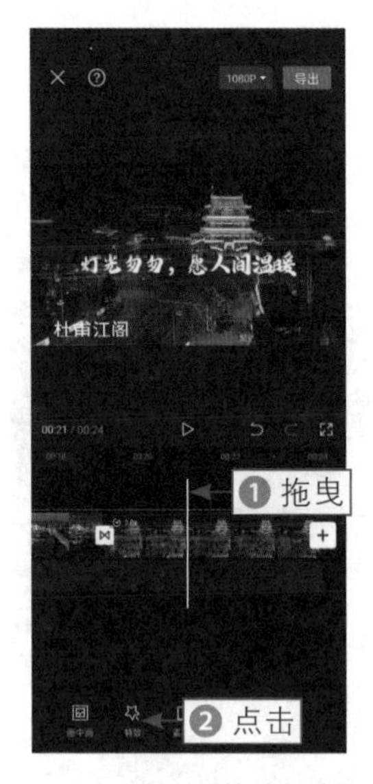

图 9-64　点击“特效”按钮

图 9-65　点击“画面特效”按钮

步骤 03 切换至“基础”选项卡，其中显示了多种画面特效，如图9-66所示。

步骤 04 选择“闭幕”特效，如图9-67所示。

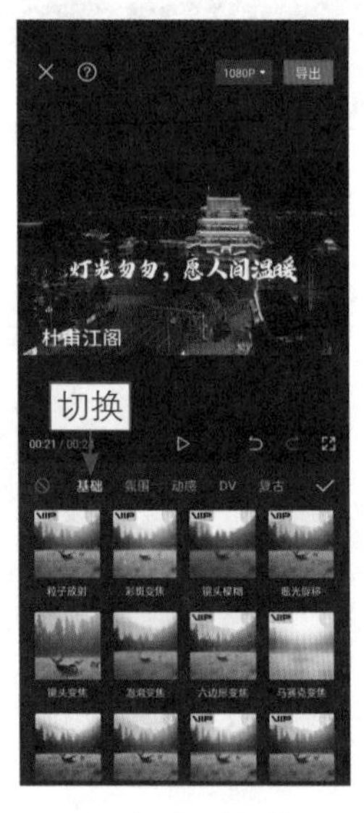

图 9-66　切换至“基础”选项卡

图 9-67　选择“闭幕”特效

步骤 05 点击✓按钮返回，即可添加“闭幕”特效，如图9-68所示。

步骤 06 拖曳特效右侧的白色拉杆，调整特效的时长，如图9-69所示。

图 9-68　添加“闭幕”特效

图 9-69　调整特效时长

9.2.6　添加音乐

为视频添加音乐可以让视频更完整，更能传达视频所表现的内容，下面介绍在剪映App中为视频添加音乐的操作方法。

扫码看教学视频

步骤 01 返回一级工具栏，❶拖曳时间线至视频起始位置；❷点击“音频”按钮，如图9-70所示。

步骤 02 在弹出的工具栏中点击“音乐”按钮，如图9-71所示。

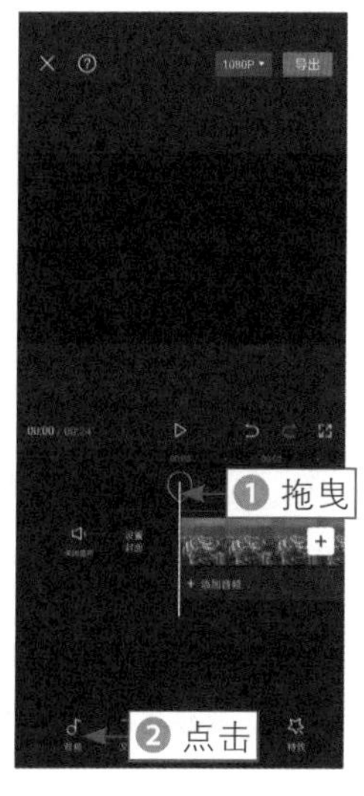

图 9-70　点击“音频”按钮

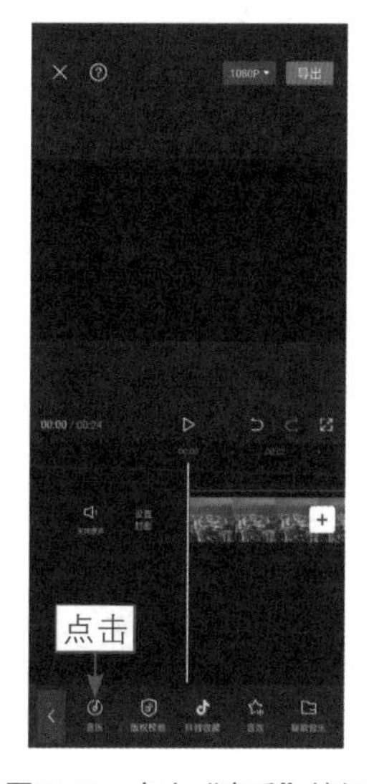

图 9-71　点击“音乐”按钮

步骤 03 进入“添加音乐”界面，选择“摩登天空”选项，如图9-72所示。

步骤 04 在“摩登天空”界面中，点击选择的音乐试听，如图9-73所示。

图 9-72　选择“摩登天空”选项

图 9-73　点击选择的音乐

步骤 05 点击所选音乐右侧的“使用”按钮，如图9-74所示，即可添加音乐。

步骤 06 选择音频素材，❶拖曳时间线至第1s的位置；❷点击“分割”按钮，如图9-75所示，即可分割音频。

图 9-74　点击音乐右侧的“使用”按钮

图 9-75　点击“分割”按钮（1）

步骤 07 ❶选择第1段音频素材；❷点击“删除”按钮，如图9-76所示，即可把音波较弱的音频删除。

步骤 08 拖曳音频至视频起始位置，如图9-77所示。

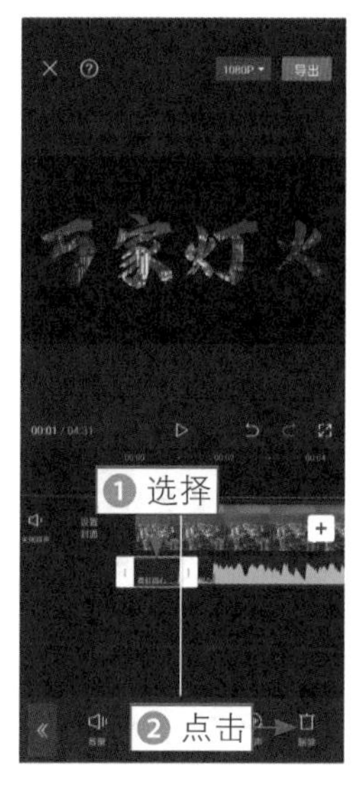

图 9-76　点击“删除”按钮（1）

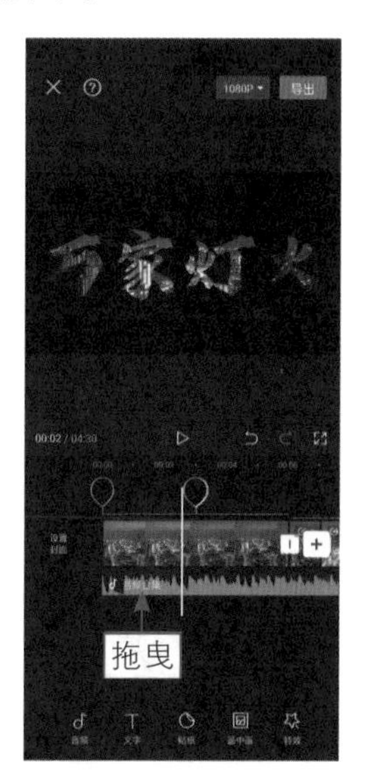

图 9-77　拖曳音频

步骤 09 选择音频素材，❶拖曳时间线至视频结束的位置；❷点击“分割”按钮，如图9-78所示，即可分割音频。

步骤 10 点击“删除”按钮，如图9-79所示，即可删除后一段音频。

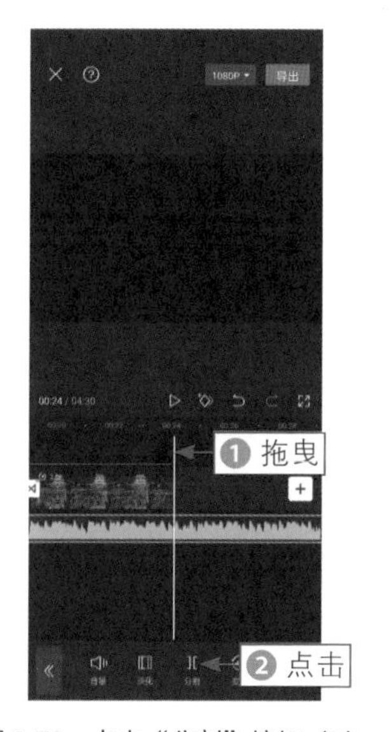

图 9-78　点击“分割”按钮（2）

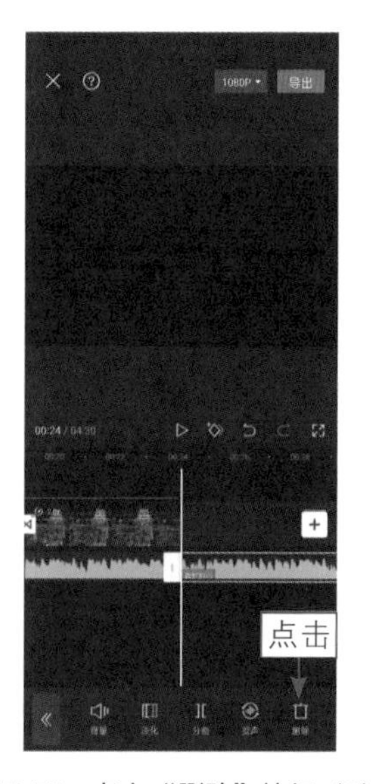

图 9-79　点击“删除”按钮（2）

步骤11 点击全屏按钮，如图9-80所示，即可全屏预览画面。

步骤12 点击按钮回到编辑界面中，点击“导出”按钮，如图9-81所示，即可导出并保存视频。

图9-80　点击全屏按钮

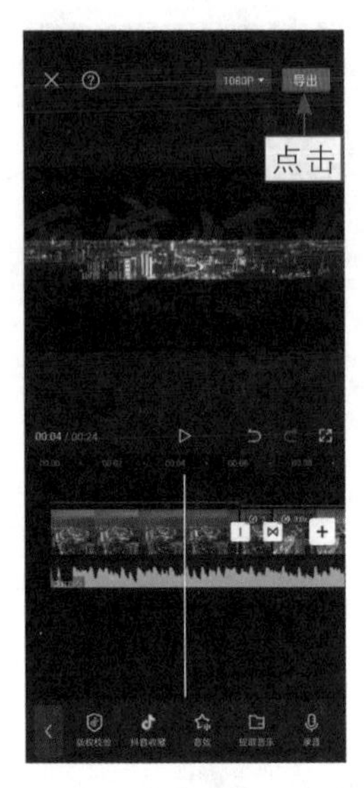

图9-81　点击“导出”按钮

本章小结

本章主要以《万家灯火》为案例来介绍剪映的基础操作。《万家灯火》案例的整个制作流程包括6个环节，包括制作片头视频、剪辑素材、加入转场、搭配字幕、制作片尾视频和添加音乐。通过这6个环节，让读者深入了解剪映的操作方式，教会读者制作完整、精美和让人眼前一亮的视频。